Daniel Rudersdorf

Untersuchung der Lungenfeinstruktur mittels ^{3}He-MRT

Daniel Rudersdorf

Untersuchung der Lungenfeinstruktur mittels ³He-MRT

Entwicklung und Anwendung eines Beatmungs- und Applikationssystems

Südwestdeutscher Verlag für Hochschulschriften

Impressum/Imprint (nur für Deutschland/ only for Germany)
Bibliografische Information der Deutschen Nationalbibliothek: Die Deutsche Nationalbibliothek verzeichnet diese Publikation in der Deutschen Nationalbibliografie; detaillierte bibliografische Daten sind im Internet über http://dnb.d-nb.de abrufbar.

Alle in diesem Buch genannten Marken und Produktnamen unterliegen warenzeichen-, marken- oder patentrechtlichem Schutz bzw. sind Warenzeichen oder eingetragene Warenzeichen der jeweiligen Inhaber. Die Wiedergabe von Marken, Produktnamen, Gebrauchsnamen, Handelsnamen, Warenbezeichnungen u.s.w. in diesem Werk berechtigt auch ohne besondere Kennzeichnung nicht zu der Annahme, dass solche Namen im Sinne der Warenzeichen- und Markenschutzgesetzgebung als frei zu betrachten wären und daher von jedermann benutzt werden dürften.

Verlag: Südwestdeutscher Verlag für Hochschulschriften GmbH & Co. KG
Dudweiler Landstr. 99, 66123 Saarbrücken, Deutschland
Telefon +49 681 37 20 271-1, Telefax +49 681 37 20 271-0
Email: info@svh-verlag.de
Zugl.: Mainz, Johannes Gutenberg-Universität, Diss., 2011

Herstellung in Deutschland:
Schaltungsdienst Lange o.H.G., Berlin
Books on Demand GmbH, Norderstedt
Reha GmbH, Saarbrücken
Amazon Distribution GmbH, Leipzig
ISBN: 978-3-8381-2496-4

Imprint (only for USA, GB)
Bibliographic information published by the Deutsche Nationalbibliothek: The Deutsche Nationalbibliothek lists this publication in the Deutsche Nationalbibliografie; detailed bibliographic data are available in the Internet at http://dnb.d-nb.de.

Any brand names and product names mentioned in this book are subject to trademark, brand or patent protection and are trademarks or registered trademarks of their respective holders. The use of brand names, product names, common names, trade names, product descriptions etc. even without a particular marking in this works is in no way to be construed to mean that such names may be regarded as unrestricted in respect of trademark and brand protection legislation and could thus be used by anyone.

Publisher: Südwestdeutscher Verlag für Hochschulschriften GmbH & Co. KG
Dudweiler Landstr. 99, 66123 Saarbrücken, Germany
Phone +49 681 37 20 271-1, Fax +49 681 37 20 271-0
Email: info@svh-verlag.de

Printed in the U.S.A.
Printed in the U.K. by (see last page)
ISBN: 978-3-8381-2496-4

Copyright © 2011 by the author and Südwestdeutscher Verlag für Hochschulschriften GmbH & Co. KG and licensors
All rights reserved. Saarbrücken 2011

Inhaltsverzeichnis

1	**Einleitung**	**7**
2	**Bereitstellung von hp Helium-3**	**10**
2.1	Der optische Pumpprozess	10
	2.1.1 Spinaustausch-Pumpen (SEOP)	10
	2.1.2 Metastabiles optisches Pumpen (MEOP)	12
2.2	Der Polarisator	14
2.3	Kernspin-Relaxationsprozesse	16
	2.3.1 Wandrelaxation	16
	2.3.2 Relaxation durch Magnetfeldgradienten	16
	2.3.3 Dipolare Relaxation	17
	2.3.4 Relaxation durch Sauerstoff	18
2.4	Langzeitspeicherung und Transport von hp ^{3}He	18
3	**Lungenphysiologische Grundlagen**	**20**
3.1	Funktion und Morphologie der Lunge	20
3.2	Lungenfunktionsparameter	23
3.3	Die chronisch-obstruktive Lungenerkrankung (COPD)	26
3.4	Induzierung eines Lungenemphysems in der Tierlunge	27
4	**Die Applikation von ^{3}He**	**29**
4.1	Motivation	29
4.2	Anforderungen an einen ^{3}He- Applikator	30
	4.2.1 Atemphysiologische Anforderungen	30
	4.2.2 Technische Anforderungen	32
4.3	Applikatorentwurf	33
4.4	Funktionsbeschreibung der Apparatur	35
	4.4.1 Beatmung des Tieres	35
	4.4.2 Applikation von ^{3}He	37
	4.4.3 Füllen des Zwischenspeichers	38
	4.4.4 Spülen und Evakuieren der ^{3}He-führenden Leitungen mit Stickstoff	38
4.5	Das Applikator-Steuerprogramm	38
	4.5.1 Das volumengesteuerte Beatmungsprogramm	40
	4.5.2 Die zeitgesteuerte Beatmung	42

4.6 Die Hardwarekomponenten 42
    4.6.1 Die ^{3}He-Transferleitung 43
    4.6.2 Der ^{3}He-Zwischenspeicher 44
    4.6.3 Der ^{3}He-Vorratsspeicher 45
    4.6.4 Bestimmung der Polarisationsverluste am Applikator 53

5 Die Magnetresonanztomographie (MRT)   58
5.1 Physikalische Grundlagen der MRT 59
    5.1.1 Kernspin und Magnetisierung 59
    5.1.2 Induktion des Kernspinresonanzsignal 63
    5.1.3 Aufbau und Abnahme der Transversalmagnetisierung: Anregungs- und Relaxationsprozesse 65
5.2 Bildgebungssequenzen 68
    5.2.1 Ortskodierung und Bildrekonstruktion 68
    5.2.2 Die Schichtselektion 70
    5.2.3 Die 2d-Gradientenecho-Sequenz 73
    5.2.4 Die 2d-Radialsequenzen (COMSPIRA) 76
    5.2.5 Die Abbildung der Lunge mittels ^{3}He-MRT 79
5.3 Diffusionsgewichtete Bildgebung 80
    5.3.1 Grundlagen der Diffusion 80
    5.3.2 Grundlagen der Diffusionsmessung mittels NMR 82
5.4 Vorteile der Niederfeld-MRT 89
    5.4.1 Der Einfluss des Führungsfeldes auf die NMR-Signalqualität 89
    5.4.2 In-vivo MRT-Aufnahmen im Hoch-und Niederfeld 93

6 In-Vivo Untersuchungen der Lunge im Niederfeld   96
6.1 Experimenteller Aufbau und Tierpräparation 96
    6.1.1 Der Versuchsaufbau am Niederfeldtomographen 96
    6.1.2 Die Tierpräparation 97
    6.1.3 Tierbeatmung und ^{3}He-Applikation 98
6.2 Morphologische Aufnahmen 99
6.3 Bestimmung des ^{3}He-Diffusionskoeffizienten in der Lunge 101
    6.3.1 Reproduzierbarkeit der ADC-Messung 103
    6.3.2 Abhängigkeit des ADC vom Atemdruck 106
    6.3.3 Bestimmung des ADC nach einer Elastase-induzierten Emphysembildung 106

A Ergänzungen zum Applikatorsystem   118
A.1 Die Applikatorsoftware 118
    A.1.1 Die Benutzeroberfläche für die volumengesteuerte Beatmung 118
    A.1.2 Die Benutzeroberfläche für das zeitgesteuerte Beatmungsprogramm .. 119
    A.1.3 Ergänzungen zur Applikator-Hardware 121

Abbildungsverzeichnis

2.1	Spinaustauschpumpen (SEOP)	11
2.2	Metastabiles optisches Pumpem (MEOP)	12
2.3	Schematische Darstellung des Polarisators	14
2.4	Sphärische Transportzelle aus Aluminomsilikatglas GE180	19
3.1	Darstellung der Lunge einer Laborratte	21
3.2	Skizze eines respiratorische Abschnitts	22
3.3	Einfaches mechanisches Lungenmodell	24
3.4	Schematische Darstellung eines Lungenemphysems	26
3.5	Histologische Schnitte zweier Rattenlungen	28
4.1	Entwurf des Applikators	33
4.2	Aufbau des Applikators an einem Hochfeldtomographen	36
4.3	Schaltplan des Applikators	37
4.4	Aufbau des Applikator-Steuerprogramms	39
4.5	Der ^{3}He-Zwischenspeicher im Querschnitt	46
4.6	Magnetfeldverlauf und Relaxationszeiten an einem Hochfeldtomographen	47
4.7	Schematische Darstellung der μ-Metall-Abschirmbox	48
4.8	Abschirmwirkung eines Metallzylinders mit hoher Permeabilität μ	49
4.9	Position der μ-Metall-Abschirmbox am Tomographen	51
4.10	Magnetfeld- und Gradientenverlauf in der μ-Metall-Abschirmbox	52
5.1	Energetische Aufspaltung der $\mid \frac{1}{2}, +\frac{1}{2}\rangle$ und $\mid \frac{1}{2}, -\frac{1}{2}\rangle$ Kernspin-Zustände bei ^{3}He in einem magnetischen Feld B (Zeeman-Aufspaltung)	61
5.2	Free Induction Decay (FID)	63
5.3	Auslenkung des Magnetisierungsverktors $\vec{M}$ durch ein rotierendes $\vec{B}_1$-Feld	67
5.4	Karthesisches Gitter	70
5.5	Illustration der Schichtselektion	71
5.6	Sinc-Anregungsimpuls	72
5.7	2d-Gradientenecho-Sequenz	74
5.8	Abtastung des k-Raums bei einer 2d-Gradientenecho-Sequenz	75
5.9	Ablauf einer Radialsequenz	77
5.10	Interpolation der Funktionswerte auf ein karthesisches Gitter	78
5.11	Diffusionskoeffizient einer ^{3}He-SF_6-Gasmischung	81

5.12 Bipolarer Diffusionsgradient G_D mit Rechteck-Profil 83
5.13 Grundlagen der NMR-Diffusionsmessung 84
5.14 Die COMSPIRA-Sequenz mit Diffusionsgradienten 86
5.15 Bipolarer Diffusionsgradient mit Sinus-Profil 87
5.16 Die Interleaved-Aufnahmetechnik 88
5.17 Messung des Diffusionskoeffizienten einer he-Gasmischung 89
5.18 Einfluss von Permeabilitätssprüngen auf das B-Feld 91
5.19 In-vivo Aufnahmen zweier Rattenlungen bei 4,7 T und 0,47 T 92
5.20 ADC-Aufnahmen bei 4,7 T und 0,47 T 94
5.21 Bestimmung des SNR in Magnitudenaufnahmen 95

6.1 Der experimentelle Aufbau 97
6.2 Versuchsanordnung am Niederfeldtomographen 98
6.3 Verlauf der Atemdruckkurven 100
6.4 Morphologische Aufnahme einer Lunge 101
6.5 Lungenventilation vor und nach einer Metacholingabe 102
6.6 Der ADC in Abhängigkeit vom Atemdruck 107
6.7 Diffusionsgewichtete Aufnahmen und ADC-Karten 109
6.8 Der ^{3}He-Diffusionskoeffizient in Abhängigkeit von der Anzahl der ^{3}He-Atemzyklen 111
6.9 ^{3}He-Diffusionskoeffizient in einer Mischung mit zwei weiteren Gasen 114

A.1 Benutzeroberfläche für die volumengesteuerte Beatmung 119
A.2 Benutzeroberfläche für die zeitgesteuerte Beatmung 120
A.3 Pneumatisches Kunststoff-Sperrventil 122
A.4 Der Atemventilblock 123

Tabellenverzeichnis

3.1　Lungengrößen bei Mensch und Laborratte 23
3.2　Lungenparameterwerte 25

4.1　^{4}He-Fluss durch die Kunststoff-Kapillarschläuche 44
4.2　Relaxationszeiten unterschiedlicher Kapillarschlauchmaterialien 45

5.1　Kernspinquantenzahl I und gyromagnetisches Verhältnis γ 60

6.1　Reproduzierbarkeit der ADC-Messungen an gesunden Tieren 103
6.2　Reproduzierbarkeit der ADC-Messung 105
6.3　ADC-Ergebnisse der Kontroll-und Elastasegruppe 108
6.4　ADC-Messung mit einer ^{3}He-SF_6-Gasmischung 113
6.5　Abhängigkeit des gemessenen ADC von der Anzahl der Lungenspülungen vor der ADC-Messung 115

A.1　Schaltzeiten des Sperrventils 124

Für Andrea, Benjamin und Johann

Kapitel 1

Einleitung

Eine neue und vielversprechende in-vivo Untersuchungsmethode der Lunge ist die ^{3}He-Magnetresonanztomographie (^{3}He-MRT) mit hyperpolarisiertem (hp) ^{3}He. Seit den 1980er Jahren hat sich die Magnetresonanztomographie zu einem Standardverfahren in der klinischen Radiologie etabliert. Aufgrund der niedrigen Protonendichte in der Lunge und dem damit verbundenen schwachen Nutzsignal ist die konventionelle MRT in der Lungenbildgebung nur beschränkt einsetzbar. Mit der Verwendung eines hyperpolarisierten Gases wurden erstmals Mitte der 1990er die gasgefüllten Bereiche der Lunge mittels MRT dargestellt - zunächst mit hyperpolarisiertem ^{129}Xe [Alb94] und dann mit hyperpolarisiertem ^{3}He [Kau96]. Am Institut für Physik der Universität Mainz gelang es, große Mengen an hyperpolarisiertem ^{3}He bereitzustellen, das zwar ursprünglich nur für die physikalische Grundlagenforschung vorgesehen war, aber nun auch für die ^{3}He-MRT zur Verfügung stand ([Sur97], [Ebe00]). Seitdem entwickelten sich rund um die ^{3}He-MRT eine Vielzahl unterschiedlicher neuer Diagnoseverfahren, mit welchen der Gesundheitszustand der Lungen bewertet werden kann. Wurde anfangs zunächst die Lungenventilation betrachtet, so wurde in [Ebe99]und [Den00] erstmals eine Methode zur Messung des Sauerstoffpartialdrucks beschrieben. Ein weiteres Messverfahren zur Charakterisierung des Gesundheitszustandes der Lunge ist die Messung des ^{3}He-Diffusionskoeffizienten in der Lunge, von dessen Zahlenwert auf die Größe des Alveolardurchmessers geschlossen werden kann.

^{3}He ist ein ungiftiges, chemisch inertes, nicht radioaktives Isotop des Edelgases Helium. Aufgrund seiner toxikologischen Unbedenklichkeit verwundert es nicht, dass es bereits frühzeitig an Probanten und Patienten zum Einsatz kam. Die ^{3}He-Applikation geschah dort anfangs über einfache Kunststoffbeutel, in die zuvor hyperpolarisiertes ^{3}He und eventuell Stickstoff zum Strecken der Gasmischung eingefüllt wurde. Auf Zuruf inhalierten Patienten oder Probanten das Gas aus dem Beutel, und die MRT-Aufnahme wurde durchgeführt. Ein eigenes ^{3}He-Applikationssystem war zunächst nicht zwingend erforderlich. Erst in [Lau97] wurde ein geeignetes Beatmungssystem zur Verfügung gestellt, das den Anforderungen für den Einsatz im magnetischen Hochfeld genügt und für den Kontakt mit hp ^{3}He geeignet ist.

In der medizinischen und der pharmakologischen Forschung wurden und werden Tiere als lebendige Modelle stellvertretend für den Menschen herangezogen, um Erkenntnisse zu gewinnen, die am Original aus vielerlei Gründen nicht zu gewinnen sind. Das gilt ausnahmslos auch für die Erforschung der Lunge, ihren Erkrankungen und deren Heilung. Ein sehr etabliertes Untersuchungstier ist die Ratte *(rattus norvegicus)*. Um auch in diesem wichtigen Forschungsbereich die ^{3}He-MRT mit ihrem großen diagnostischen Potential zum Einsatz zu bringen, ist zunächst ein geeignetes ^{3}He-Applikationssystem erforderlich, das zudem das narkotisierte Tier während der Untersuchungen beatmet.

MRT-taugliche Beatmungssysteme für Ratten sind standardmäßig kommerziell erhältlich. Diese Systeme sind für eine Applikation von hp ^{3}He nicht geeignet, da das hp ^{3}He bei der Applikation rasch depolarisieren würde. Zudem verfügen sie über keinen Langzeitspeicher, in dem das hp ^{3}He für die Dauer der Messreihe polarisationserhaltend gelagert werden kann. In [Hed00] und [Rig05] werden zwei Beatmungssysteme vorgestellt, die eigens für die Applikation von ^{3}He an Ratten entwickelt wurden. Beiden Beatmungssystemen liegt ein ähnliches Konzept zu Grunde: Aus einem Reservoir - ein Kunststoffbeutel mit einem Volumen von rund einem halben Liter - wird ^{3}He über eine feine Kapillarleitung zum Tier in den Tomographen geleitet. Möglichst nahe am Tier im Tomographen befinden sich pneumatisch gesteuerte Miniaturventile, die zwischen dem Zustrom von Luft und ^{3}He in die Tierlunge und dem Abstrom der Ausatemgase aus der Tierlunge schalten. Die Applikationseinheit wird von einem Rechner gesteuert, der sich außerhalb des Tomographenraumes und außerhalb des magnetischen Hochfeldes befindet. Das ^{3}He-Reservoir lagert im magnetischen Streufeld des Kernspintomographen. Aufgrund der Inhomogenität des Streufeldes sowie der nur unzureichenden polarisationserhaltenden Eigenschaft des Kunststoffbeutels depolarisiert das hp ^{3}He relativ zügig mit der Konsequenz, dass die ^{3}He-Polarisation und damit die NMR-Signalstärke signifikant abnimmt. Hp ^{3}He mit einem hohen Kernspinpolarisationsgrad muss wieder produziert und vor Ort zur Verfügung gestellt werden. Insbesondere dann, wenn vor Ort kein ^{3}He-Polarisator zur Verfügung steht, und das hp ^{3}He über mehrere hundert Kilometer mit dem Auto oder auf dem Luftweg [Wil02] herantransportiert werden muss, ist eine solche einfache Lagerung äußerst ineffektiv.

Im Rahmen der vorliegenden Dissertation wird eine neue verbesserte ^{3}He-Applikationseinheit für Ratten vorgestellt. Der grundlegende Unterschied zu den vorher erwähnten ^{3}He-Applikationssystemen besteht darin, dass das System eine polarisatioserhaltende Langzeitlagerung des ^{3}He am Einsatzort ermöglicht. Dieser Langzeitspeicher ist in das Beatmungssystem integriert und die ^{3}He-Applikation aus dem Langzeitspeicher heraus vollständig automatisiert.

Zur Einführung in die Gesamtthematik werden zuvor in Kapitel 2 die physikalischen Grundlagen der Produktion und Speicherung von hp ^{3}He beschrieben. Es erfolgt in Kapitel 3 eine Darstellung der Lungenphysiologie der Ratten, für die das Beatmungssystem konzipiert wurde. Im Kapitel 4 wird das neu entwickelte ^{3}He-Applikationssystem vorgestellt. Das zentrale Alleinstellungsmerkmal dieses Systems ist der integrierte ^{3}He-Langzeitspeicher, auf den detaillierter eingegangen wird. Erstmals wurden die Polarisationsverluste bei der ^{3}He-Applikation experimentell bestimmt und dokumentiert.

Die Grundlagen der ^{3}He-MRT sowie der diffusionsgewichteten Bildgebung werden in Kapitel 5 erläutert. An ausgewählten in-vivo Untersuchungen im Kapitel 6 kommt das Applikationssystem bei der Untersuchung der Lungenfeinstruktur mittels diffusionsgewichteter ^{3}He-MRT zum Einsatz. Das vorgestellte Messverfahren zeigt eine ausgesprochen hohe Reproduzierbarkeit. Ferner wird erstmals ein neues Verfahren vorgestellt und auch erfolgreich erprobt, welches den experimentell ermittelten ^{3}He-Diffusionkoeffizienten in der Lunge unabhängig von der Konzentration der Atemluft in der Lunge macht und damit den systematischen Fehler signifikant reduziert. Schließlich werden in einer Versuchsreihe mit dem Verfahren gesunde Tiere und Tiere mit einem Lungenemphysem gegenübergestellt.

Kapitel 2

Bereitstellung von hyperpolarisiertem ^{3}He - Physikalische Grundlagen

In diesem Kapitel möchte ich auf die Bereitstellung des hyperpolarisierten ^{3}He eingehen. Ein Schwerpunkt liegt dabei auf der Produktion des hyperpolarisierten ^{3}He sowie auf dessen Transport vom Produktionsort zum Ort der medizinischen Anwendung. Das Kapitel beginnt mit einer Beschreibung der grundlegenden physikalischen Prozesse, insbesondere mit einer Darstellung des metastabilen optischen Pumpprozesses (MEOP), denn mit diesem Verfahren wurde das im Rahmen dieser Dissertation verwendete hp-^{3}He erzeugt.

2.1 Der optische Pumpprozess

Zum Erreichen hoher Kernspinpolarisationen von ^{3}He sind derzeit zwei Verfahren im Einsatz, die auf dem optischen Pumpen durch resonante Absorption von Laserlicht basieren. Beide Methoden beruhen auf dem Drehimpulsübertrag absorbierter Photonen auf das angeregte Valenzelektron, der dann durch Hyperfeinwechselwirkung an den ^{3}He-Kern weitergegeben wird. Da für die Anregung von Edelgasen keine kurzwelligen Laser zur Verfügung stehen, muss ein Umweg über ein intermediäres System gewählt werden. Als solches fungiert beim Spinaustausch-Pumpen (SEOP) ein Alkalidampf ([Bou60] [Wal97]), während beim metastabilen optischen Pumpen (MEOP) ^{3}He-Atome im langlebigen Anregungszustand 2^3S_1 die resonanten Photonen absorbieren [Col63]. In beiden Methoden wird zirkular polarisiertes Laserlicht eingesetzt, das entlang eines Magnetfeldes eingestrahlt wird.

2.1.1 Spinaustausch-Pumpen (SEOP)

Das zu polarisierende ^{3}He befindet sich in einem Glasgefäß bei einer Temperatur von 100 °C bis 200 °C, einem Druck von mehreren bar zusammen mit gesättigtem Rb-Dampf (Dampfdruck $p \approx$ 0,1 mbar) und 0,1bar Stickstoff. Durch Einstrahlen von resonantem zirkular polarisiertem Licht ($\lambda = 795\ nm$) werden Übergänge aus dem $^2S_{1/2}$ in das $^2P_{1/2}$-Niveau induziert

2.1. DER OPTISCHE PUMPPROZESS

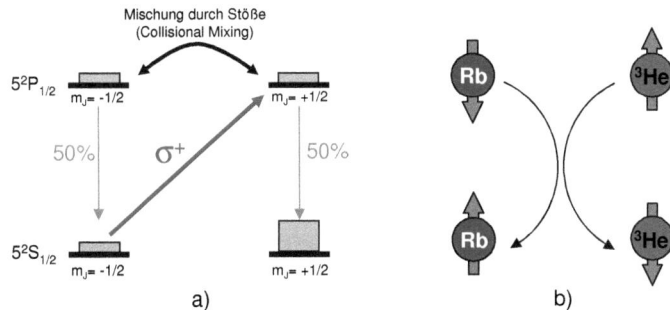

Abbildung 2.1: Spinaustauschpumpen (SEOP)
a) Schematische Darstellung der beim optischen Pumpen mit σ^+-Licht beteiligten Energieniveaus des Rubidiums. b) Bei einem Stoß zwischen einem Rb und einem ^{3}He-Atom können beide ihre Spinpolarisation über die Fermi-Kontakt-Wechselwirkung austauschen, wodurch die Kernspinpolarisation des ^{3}He aufgebaut wird.

und damit ein Drehimpuls von $\hbar$ in die Hülle des Alkaliatoms übertragen. *Collisional Mixing* sorgt zwar dafür, dass sich die Besetzungszahlen der oberen Zeeman-Niveaus während ihrer Lebensdauer wieder ausgleichen, doch da die Reemission gleichmäßig in die unteren Niveaus hinein geschieht, kommt es zu einer Populationsabnahme im $m_J = -\frac{1}{2}$ Niveau bei Einstrahlung von σ^+-Licht (siehe Abbildung 2.1), aus dem heraus die Absorption stattfindet: Die Elektronenhülle des Rb-Atoms wird polarisiert. Der beigefügte Stickstoff fungiert als „Quenchgas". Er sorgt dafür, dass der Übergang aus dem $5^2P_{1/2}$-Niveau in den Grundzustand strahlungslos erfolgt und verhindert dadurch die Emission von σ^--Licht, welches die Population des $m_J = +\frac{1}{2}$-Zustands entvölkern würde.

Stoßen Rb und He-Atome zusammen, so kann es aufgrund der Kontaktwechselwirkung zum Übertrag des Elektronenspins eines im Grundzustand befindlichen Rb-Atoms auf den Kernspin eines ^{3}He-Atoms kommen. Allerdings ist der Wirkungsquerschnitt für diesen Prozeß mit $\sigma = 10^{-24}$ cm^2 sehr gering, was den großen Nachteil dieses Verfahrens ausmacht. Bei einem Rb-Dampfdruck von 0,1 mbar ergibt sich so für das ^{3}He-Atom im Mittel ein Spinflip nur alle 5 Stunden [Eck92]. Durch diese langen Aufpolarisationszeiten ist das Verfahren sehr empfindlich für Depolarisationseffekte. ^{3}He-Polarisatoren, die sich im klinischen Einsatz befinden, wie z.B. der Helium Polarizer von Amersham Health, Durham (USA), erreichen nur zwischen 20% und 30% und benötigen für 1,1 Liter etwa 24 h [Mor06]. Untersuchungen in den letzten Jahren haben gezeigt, dass die Verwendung eines Alkalidampfgemisches (z.B. Kalium/Rubidium) anstelle von reinem Rubidiumdampf das Spinaustauschpumpen beträchtlich beschleunigen kann. Durch den Einsatz einer Kalium/Rubidium-Metalldampfmischung beim SEOP gelang es [Che07], ^{3}He mit einem Polarisationsgrad von 75% bei einer Produktionsrate von 2,4 bar · liter pro Tag herzustellen. Basierend auf diesem Verfahren wird in [Her10] eine kommerzielle Polarisationseinheit angekündigt, die in der Lage sein wird, ^{3}He mit einer Produktionsrate von 100 bar · liter pro Tag bei einem Polarisationsgrad von etwa 65% zu erzeugen.

2.1.2 Metastabiles optisches Pumpen (MEOP)

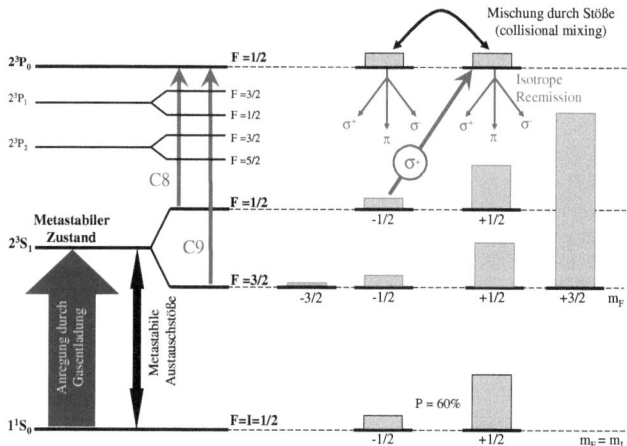

Abbildung 2.2: Metastabiles optisches Pumpem (MEOP)
Illustration des optischen Pumpens von ^{3}He über die Resonanzabsoption von Laserlicht und metastabile Austauschstöße.

Im Gegensatz zum SEOP kann das MEOP nur bei einem Druck um 1 mbar erfolgen. Ein mit ^{3}He gefülltes Gefäß mit ca. 1 mbar Gasdruck befindet sich in einem schwachen homogenen Magnetfeld von etwa 1 mT. Eine schwache Gasentladung regt rund 1 ppm der ^{3}He-Atome aus dem Grundzustand an, u.a. in den 2^3S_1-Zustand, aus dem heraus der optische Pumpprozeß stattfindet. Dieser metastabile Zustand kann wegen des Interkombinationsverbotes zwischen Triplett und Singletzuständen und wegen des $\Delta L = 0$-Verbotes nicht über einen Strahlungsprozeß in den Grundzustand zurückfallen. Seine Lebenszeit wird durch die Diffusionszeit der ^{3}He-Atome zur Wand auf etwa 1 ms begrenzt. Aus dem metastabilen Niveau kann jetzt resonantes Laserlicht Übergänge in die $2^3P_{J=0,1,2}$-Zustände induzieren (Abb. 2.2). Zwischen diesen Energieniveaus existieren insgesamt neun Hyperfeinlinien,

2.1. DER OPTISCHE PUMPPROZESS

die von C1 bis C9 durchnummeriert werden [Nac85]. Zum optischen Pumpen sind am besten die beiden Linien C8 und C9 mit einer Wellenlänge um $\lambda = 1083nm$ geeignet.
Das angelegte Magnetfeld führt zu einer leichten Aufspaltung der Hyperfeinzustände in Zeeman-Niveaus mit den Quantenzahlen m_F. Bei einer Rechtszirkularpolarisation des eingestrahlten Lichts (σ^+-Licht) werden ausschließlich Übergänge mit $\Delta m_F = +1$ angeregt. Dabei überträgt sich der Drehimpuls des absorbierten Photons aufgrund der Drehimpulserhaltung auf das Atom. Während der Lebensdauer des 2^3P_0-Zustandes kommt es zu Stößen der Atome im P-Niveau mit den Grundzustandsatomen, wobei bei den Atomen im P-Zustand Bahndrehimpuls in äußeren Drehimpuls übergehen kann und umgekehrt. Zudem liegt die kinetische Energie der Gasatome mit $\frac{1}{40}$ eV (das entspricht $6 \cdot 10^3\ GHz$) um mehrere Größenordnungen über der Energieaufspaltung der ^3P_J-Multipletts von 34,42 GHz, so dass es während der Lebensdauer der angeregten P-Niveaus zu einer Gleichbesetzung der ^3P_J-Multipletts kommt. Diesen Prozeß bezeichnet man als *collisional mixing*. Die Abregung der gleichbesetzten P-Zustände erfolgt isotrop in sämtliche Zeeman-Niveaus der beiden 2^3S_1-Hyperfeinzustände (F=1/2 und F=3/2). Somit wird bei der Reemission auch kein Netto-Drehimpuls auf die Atome übertragen. Zur Ausrichtung der Elektronenspins trägt nur der Anregungsprozeß bei.
Durch die Hyperfeinwechselwirkung im $^3S_1$-Zustand sind Hüllen- und Kernspin eines ^{3}He-Atoms miteinander gekoppelt. Die charakteristische Zeitdauer dieser Wechselwirkung ist mit etwa 0,1 ns [Tim71] deutlich kürzer als die Lebensdauer des 2^3P_0-Zustandes mit 98 ns. Deshalb führt die An- und Abregung eines Atoms gleichzeitig zu einer Ausrichtung des Kernspins entlang der vom magnetischen Führungsfeld vorgegebenen Quantisierungsachse. Das entstandene kernspinpolarisierte Atom befindet sich zunächst noch im metastabilen Zustand. Während der sehr langen Lebensdauer des 2^3S_1-Zustandes erfahren die Atome Stöße mit den Grundzustandsatomen. Der Wirkungsquerschnitt für solche Stöße ist sehr groß und liegt bei rund $10^{-14}\ cm^2$ [Eva69], wobei aber ein Teil zum Austausch der Anregungsenergien zwischen den beiden Stoßpartnern führt. Diese Art von Stößen nennt man metastabile Austauschstöße. Ihr Wirkungsquerschnitt beträgt $7,6 \cdot 10^{-16}\ cm^2$ [Eck92]. Während eines solchen Stoßes bildet sich ein Molekül, das mit einer Lebensdauer von 1 ps besonders kurzlebig ist. Weil die Lebensdauer des Moleküls um zwei Größenordnungen kleiner ist als die Hyperfein-Wechselwirkung, kann die Orientierung des Kernspins durch den Stoß nicht verändert werden. Da sich die beteiligten Atome im S-Zustand (L=0) befinden, kann zudem kein Bahndrehimpuls in die äußeren Drehimpuls fließen. Bezeichnet man das angeregte Atom mit $^3He^*(m_F)$, so lassen sich die dabei ablaufenden Reaktionen wie folgt darstellen:

$$^3He*(m_F) + {}^3He(m_F' = -\frac{1}{2}) \rightleftharpoons {}^3He*(m_F - 1) + {}^3He(m_F' = +\frac{1}{2}) \quad . \quad (2.1)$$

Befinden sich - durch das optische Pumpen mit σ^+-Licht - die metastabilen Atome vornehmlich in den Zeeman-Niveaus mit $m_F > 0$, so läuft die Reaktion dominant von links nach rechts ab, mit dem Resultat, dass der Spinflip der ^{3}He-Grundzustandsatome von -1/2 nach +1/2 erfolgt und das Zeeman-Niveau $m_F = +1/2$ bevölkert wird.
Ist die metastabile Austauschrate größer als die optische Pumprate, so stellt sich in den Besetzungszahlen der m_F-Zeeman-Niveaus ein dynamisches Gleichgewicht ein, das auch

Spintemperatur-Gleichgewicht genannt wird. Dabei gilt:

$$\frac{n(m_F+1)}{n(m_F)} = x = \frac{1+P}{1-P} \tag{2.2}$$

wobei P der Polarisationsgrad der ^{3}He-Kernspins ist. In Abb. 2.2 sind die relativen Besetzungszahlen für eine Polarisation von P=60 % wiedergegeben.

2.2 Der Polarisator

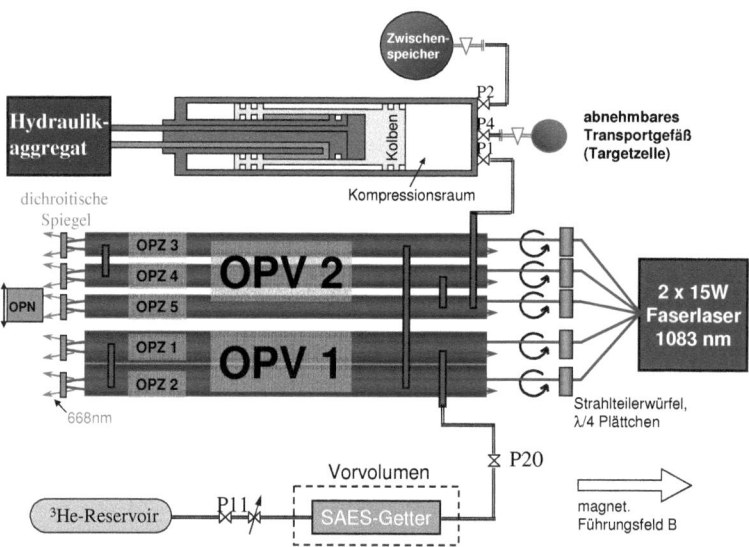

Abbildung 2.3: Schematische Darstellung des Polarisators

Basierend auf dem MEOP wurde in [Ebe00],[Sch98], [Has00] und zuletzt in [Sch04] ein Polarisator mit einer einstufigen Kompressionsstufe entwickelt und optimiert. Die Abbildung 2.3 zeigt den schematischen Aufbau dieses Polarisators mit seinen fünf wesentlichen Baugruppen:

- Das optische Pumpvolumen, das aus fünf zylinderförmigen Glaszellen besteht und in dem bei einem Druck von wenigen mbar der optische Pumpprozeß stattfindet.

2.2. DER POLARISATOR

- Zwei 15 Watt Faserlaser mit den dazugehörigen Linsen, Polarisatoren und optischen Verzögerungselementen, die zirkularpolarisiertes Licht in ausreichender Stärke und Qualität für den optischen Pumpprozess in den OPVs zur Verfügung stellen.
- Der Kompressor (V=15 Liter) und ein Zwischenspeicher (V = 4 Liter).
- Die ^{3}He-Vorratsgefäße und Gasreinigungseinheiten.
- Eine Spulenkonfiguration, die innerhalb des Polarisators für ein homogenes Führungsfeld sorgt.

Das Herz der Anlage sind die fünf rund 2,4 m langen optischen Pumpvolumnia (OPV), in denen der optische Pumpprozeß stattfindet. Um den Polarisationsprozess möglichst effektive durchzuführen, wurde das OPV in zwei gleich große Volumina OPV1 und OPV2 mit jeweils 15 l Volumen und einer Diffusionsperre dazwischen aufgeteilt. Diese Aufteilung ermöglicht ein *fraktioniertes optisches Pumpen*, bei dem das ^{3}He insgesamt zweimal dem Laserlicht ausgesetzt wird, zunächst im OPV1 und anschließend im OPV2. Durch gleichzeitiges Öffnen der Ventile P20 und P1 strömt das hochpolarisierte ^{3}He aus dem OPV2 in den Kompressor, vorpolarisiertes ^{3}He aus dem OPV1 in das OPV2 und frisches, unpolarisiertes ^{3}He aus dem Vorvolumen in das OPV1. In der OPV selbst werden bei einem Druck von rund 1 mbar unpolarisiertes Gas und zirkularpolarisiertes Licht der Wellenlänge $\lambda = 1083\ nm$ zusammengebracht. Eine kontinuierliche brennende Gasentladung innerhalb der OPV sorgt dafür, dass sich 1 ppm der ^{3}He-Atome im angeregten metastabilen 2^3S_1-Zustand befinden, aus dem heraus der optische Pumpprozeß stattfindet. Wegen der besonders großen Aktivierungsenergie von ^{3}He (E > 19 eV) (He hat eine abgeschlossene K-Schale und ist ein inertes Edelgas) ist verstärkt darauf zu achten, dass sich keine Verunreinigungen wie z.B. N_2, O_2 oder H_2O mit einem niedrigeren Ionisierungspotential in den OPVs befinden, da ansonsten die Metastabilendichte stark absinkt und die Effizienz des Pumpprozesses abnimmt. Darum wird das in den Vorratsbehältnissen gespeicherte und bereits hochreine ^{3}He erneut durch ein Reinigungssystem (ein erhitzer Getter der Firma SAES) geleitet, bevor es die OPV erreicht. Um höchste Polarisationsgrade zu erreichen, muß neben einer hohen Gasreinheit auch für eine ausreichende Lichtleistung und eine hervorragende Strahlqualität gesorgt werden. Für die Lichtleistung sorgen zwei baugleiche Yb-Faserlaser der Firma IPG-Laser mit einer jeweiligen Maximalleistung von 15 W. Strahlteilerwürfel und $\lambda/4$-Plättchen verteilen die Lichtleistung auf die fünf OPVs und erzeugen aus dem linear polarisierten Licht der Laser zirkular polarisiertes Licht hoher Güte. Ein Linsensystem schließlich weitet den Laserstrahl auf, damit die Lichtleistung optimal innerhalb der OPV verteilt wird und so Sättigungseffekte in der Lichtabsorption vermieden werden. Jeder Strahl wird am Ende der OPV an einem Spiegel reflektiert und durchläuft somit zweimal die OPV. Diese dichroitischen Spiegel sind jedoch für Licht der Wellenlänge 668 nm durchlässig, das u.a. als Fluoreszenzlicht in der Gasentladung entsteht und deren Zirkularpolarisationsgrad proportional zur He-Polarisation ist [Sch04]. Ein optischer Polarisationsnachweis mißt den Grad der Zirkularpolarisation und bestimmt daraus die aktuelle ^{3}He-Polarisation in der OPV [Big92],[Wol06].

Der Fluß des Gases durch den Polarisator und damit auch die Produktionsrate kann durch Variation der Zyklusdauer und des ^{3}He-Druckes in der OPV beinflußt werden. Von diesen

Größen ist auch die erreichte Endpolarisation abhängig. Sie werden den jeweiligen Anforderungen angepaßt.
Das vom Kompressor angesaugte polarisierte ^{3}He wird zunächst in dem Zwischenspeicher verdichtet bis die gewünschte Gasmenge polarisiert ist, um von dort zum Schluß in den Kompressor zurück geleitet und in die Transportzelle (Target) auf einen Druck bis zu 10 bar komprimiert zu werden. Die gefüllte ^{3}He-Zelle wird vom Polarisator abgeklemmt und in eine magnetische Dose gelegt, die während der Lagerung und des Transportes zum Verwendungsort für ein homogenes Führungsfeld sorgt.

2.3 Kernspin-Relaxationsprozesse

Der erreichte hohe Kernspinpolarisationsgrad bleibt aus vielerlei Gründen nicht erhalten, sondern er zerfällt nach und nach wieder in den thermischen Gleichgewichtszustand (Boltzmann-Polarisation). Die Abnahme erfolgt exponentiell mit der Zeitkonstanten T_1, die man auch als longitunale Relaxation bezeichnet. Dabei gibt die Relaxationszeit T gerade die Zeit an, nach der die Polarisation genau auf den e-tel Teil des Ausgangswertes gesunken ist. Den Kehrwert $\Gamma = \frac{1}{T_1}$ nennt man *longitunale Relaxationsrate*. Liegen mehrere Relaxationsprozesse vor, dann addieren sich die Relaxationsraten der Einzelprozesse Γ_i zur Gesamtrelaxationsrate $\Gamma_{total} = \Gamma_1 + \cdots + \Gamma_n$. Im folgenden werden die für unsere Anwendung wichtigsten Relaxationseffekte dargestellt.

2.3.1 Wandrelaxation

Für den Transport und die Speicherung von hp ^{3}He ist die Wand- oder Oberflächenrelaxation eine besonders wichtige Größe. Sie hängt i.A. entscheidend vom Material ab. Untersuchungen haben gezeigt, dass die Adsorption der ^{3}He Atome an der Wand, die Diffusion in die Wand hinein und somit das Verhältnis aus Oberfläche zu Volumen diejenigen Parameter sind, die die Wandrelaxationsrate entscheidend bestimmen. Allgemein läßt sich die Relaxationsrate Γ_W durch

$$\frac{1}{T_{1,W}} = \Gamma_W = \frac{1}{\eta} \cdot \frac{O}{V} \qquad (2.3)$$

ausdrücken. Dabei ist η ein materialspezifischer Relaxationskoeffizient, O die das Helium umschließende Oberfläche und V das umschlossene Volumen.

2.3.2 Relaxation durch Magnetfeldgradienten

Ein weiterer wichtiger Relaxationsprozess wird durch die Anwesenheit von Magnetfeldgradienten ausgelöst und hat die Zeitkonstante $T_{1,M}$. Um den Effekt zu verstehen, betrachtet man am Besten ein Ensemble von ^{3}He-Atomen, die sich diffusiv in einem magnetischen Führungsfeld bewegen. Vom Ruhesystem des einzelnen Atoms aus gesehen erscheinen die Magnetgradienten als ein zeitliches, in Amplitude und Richtung sich veränderndes Magnetfeld. Im Fourierspektrum können nun auch die Frequenzen auftreten, die gerade der Übergangsfrequenz zwischen den beiden Zeeman-Niveaus des Kernspins entsprechen

2.3. KERNSPIN-RELAXATIONSPROZESSE

(*Larmorfrequenz*) und magnetische Dipolübergänge induzieren. Es kommt zu Spinflips, die zu einer Verringerung der Polarisation führen. In [Sch65] wird die gradientenbedingte Relaxationsrate zu

$$\Gamma_M = \frac{1}{T_{1,M}} = D \cdot \frac{|\vec{\nabla} B_x| + |\vec{\nabla} B_y|}{B^2} \qquad (2.4)$$

angegeben. Sie ist proportional zur ^{3}He-Diffusionskonstante D und damit antiproportional zum Druck. Um relaxationsbedingte Verluste zu minimieren sollte darum das ^{3}He bei einem möglichst hohen Druck gelagert werden. Bei einem relativen Gradienten von $0,1\%$ cm und einem Druck von 2,7 bar, wie er üblicherweise in einer Speicherzellen beträgt, liegt die magnetfeldbedingte Relaxationszeit bei rund 160 h.
Mit der Gleichung 2.4 ist zwar eine Vorhersage der Relaxationszeiten möglich, aber i.A. tritt das Problem auf, dass in einem quasihomogenen magnetischen Führungsfeld die transversalen Magnetfeldkomponenten B_x und B_y nur durch eine äußerst präzise Ausrichtung der Magnetfeldsonde bestimmt werden können. In [Hie06] werden darum für den häufig auftretenden Fall von zylindersymmetrischen, quasihomogenen Magnetfeldern Näherungsformeln angegeben. Sie erlauben es, die Gradientenrelaxation nur aus der dominierenden Feldkomponente B_z bzw. des Feldbetrags B zu berechnen($B_z \approx |\vec{B}| = B$). Im Fall zylindersymmetrischer axialer Sattelpunktfelder (rotations- und spiegelsymmetrischen Spulenkonfigurationen wie z.B. ein Helmholtzfeld) ergibt sich

$$\frac{|\vec{\nabla} B_x| + |\vec{\nabla} B_y|}{B^2} \approx \left(\frac{\vec{\nabla} B_z}{B}\right)^2 \qquad (2.5)$$

Bei zylindersymmetrischen Magnetfeldern mit konstantem Gradienten (Verlauf eines Dipolfeldes auf der Achse in großer Entfernung) gilt dagegen

$$\frac{|\vec{\nabla} B_x| + |\vec{\nabla} B_y|}{B^2} \approx \frac{1}{2 \cdot B^2} \left(\frac{\partial \vec{B}_z}{\partial z}\right)^2 \quad . \qquad (2.6)$$

2.3.3 Dipolare Relaxation

Sie beschreibt die Relaxation aufgrund der gegenseitigen Beeinflussung der einzelnen ^{3}He-Atome. Durch Stöße zweier ^{3}He-Atome kommt es kurzzeitig zur Bildung eines ^{3}He-^{3}He-Moleküls und die Kernspins koppeln über die magnetische Dipol-Wechselwirkung miteinander, so dass ihre Ausrichtung verloren gehen kann. Die dipolare Relaxationsrate $\Gamma_D = \frac{1}{T_{1,D}}$ nimmt mit steigendem Druck zu und läßt sich bei einer Temperatur von 23 °C durch

$$\Gamma_D = \frac{1}{T_{1,D}} = \frac{1}{817} \cdot h^{-1} bar^{-1} \cdot p \qquad (2.7)$$

abschätzen [New93].

2.3.4 Relaxation durch Sauerstoff

Beimischungen paramagnetischer Gase zu ^{3}He wie z.B. atmosphärischer Sauerstoff können die Relaxationszeit deutlich verkürzen. Darum sind alle Behältnisse oder Leitungen, die ^{3}He führen, frei von Sauerstoff zu halten und ggf. sorgfältig zu reinigen. In [Saa95] wird der Zusammenhang zwischen der Relaxationsrate und dem Sauerstoffpartialdruck bei Zimmertemperatur durch

$$\frac{1}{T_{1,O_2}} = \Gamma_{O_2} = 0,38 \cdot \frac{1}{s \cdot bar} \cdot p_{O_2} \qquad (2.8)$$

beschrieben. Diesen zunächst unerwünschten Effekt hat man sich in [Den00a] zunutze gemacht. Durch Messungen der ^{3}He-Polarisationsabnahme in der Lunge konnte auf den alveolaren Sauerstoffpartialdruck und so auch auf die Sauerstoffaufnahme in das alveolare Blut zurückgeschlossen werden.

2.4 Langzeitspeicherung und Transport von hp ^{3}He

Für den Transport und für die Lagerung ist der zeitliche Verlauf der Polarisation im wesentlichen von den Relaxationseigenschaften der Zelle und der magnetischen Homogenität in den Transportdosen bestimmt. Wurde das ^{3}He in der Anfangszeit nur wenige km vom Ort der Herstellung verwendet, so werden seit einigen Jahren ^{3}He-Lieferungen innerhalb Europas, in die USA und nach Australien [Thi08] durchgeführt mit Transportzeiten von mehr als 32 Stunden. Es muß darum sichergestellt werden, dass auch innerhalb dieser Zeit die Polarisationsverluste, d.h. die Relaxationsprozesse, vernachlässigbar klein sind, damit vor Ort die Experimente an den Kernspintomographen unter optimalen Bedingungen ablaufen können.
Als Material für ^{3}He-Transportzellen im medizinischen Bereich haben sich in den letzten Jahren unbeschichtete Aluminosilikatgläser wie beispielsweise GE180 und Supremax durchgesetzt. Bereits in [Gro96] konnte gezeigt werden, dass diese Materialien zum Erreichen hoher Relaxatioszeiten prinzipiell geeignet sind. Trotz stetiger schrittweiser Verbesserungen in den Relaxationszeiten [Wol00] blieb ein großes Problem aber weiterhin, dass die Ergebnisse kaum reproduzierbar waren und kein einziger Erklärungsansatz zu einer Methode führte, verläßlich Transportzellen mit großen Speicherzeiten hervorzubringen. Selbst bei ein und derselben Zelle schwankten oft die gemessene $T_{1,W}$ Zeit bis zu einer Größenordnung, ohne daß ein eindeutiger Grund zu finden war. In [Sch06a] konnte dieser Effekt mit ferromagnetischen Partikeln auf bzw. unterhalb der Glasoberfläche in Verbindung gebracht werden. Eine ausführliche Diskussion der Wandrelaxation von hyperpolarisiertem ^{3}He findet sich in [Den06], [Sch06] und [Sch06a].
In der Abbildung 2.4 ist eine typische 1-Liter Transportzelle abgebildet. Das in diese Glaszellen abgefüllte Gas wird zum Transport in ein homogenes, transportables Magnetfeld gelegt, das von Permanentmagneten erzeugt wird. Eine doppelte Schicht μ-Metall homogenisiert den Feldverlauf und schützt zudem vor dem Durchgriff störender äußerer Magnetfelder [Gro00], [Sch04],[Hie06]. Mit diesem „Spinkoffer" lassen sich gleichzeitig bis zu drei sphärische Zellen mit einem jeweiligen Volumen von rund 1,2 Liter transportieren. Bei

2.4. LANGZEITSPEICHERUNG UND TRANSPORT VON HP ^{3}HE

Abbildung 2.4: Sphärische Transportzelle aus Aluminomsilikatglas GE180
Diese Zellen haben einen Durchmesser von 13 cm und ein Volumen zwischen 1,1 und 1,2 Litern.

einem Fülldruck der Zellen von 2,7 bar (abs.) erreicht man insgesamt eine T_1-Zeit, die zwischen 100 h und 150 h liegt. Die Polarisationsverluste beim Ein-und Ausladen der Zellen aus dem „Spinkoffer" wurden in [Sch04] zwischen 1% und 2% abgeschätzt und sind damit vernachlässigbar gering. Die Polarisationsverluste P_V

$$P_V = 1 - e^{-\frac{t}{T_1}}$$

beim 18stündigen Transport (t=18h) einer mit 2,7 bar gefüllten ^{3}He-Transportzelle liegen damit bei $P_V = 17\%$ für eine T_1-Zeit von 100 h und bei $P_V=11\%$ für eine T_1-Zeit von 150 h.

Kapitel 3

Lungenphysiologische Grundlagen

3.1 Funktion und Morphologie der Lunge

Die Lunge erfüllt im Körper lebenswichtige Funktionen. Ihre zentrale Rolle ist der Gasaustausch zwischen der Umgebung und dem Blut. In der Lunge wird der Sauerstoff vom Blut aufgenommen und das Kohlendioxid wird an die Umgebung abgegeben. Die Ventilation und der Gasaustausch in der Lunge werden als „äußere Atmung" bezeichnet und der Verbrauch von Sauerstoff und die Bildung von Kohlendioxid im Stoffwechsel als „innere Atmung". Über das Herz-Kreislauf-System sind äußere und innere Atmung miteinander verknüpft. Die Lungenventilation erfolgt aktiv durch rhythmische Volumenänderung des Brustkorbs *(Thorax)*, in dem die Lunge eingebettet ist und umfasst 2 Phasen: die Inspirationsphase (Einatmen) und die Exspirationsphase (Ausatmen). Während der Inspiration entsteht im Thorax ein Unterdruck, der vor allem durch die Kontraktion des Zwerchfells und durch die Weitung des Brustkorbs verursacht wird. Die Umgebungsluft strömt jetzt so lange über die Atemwege in die Lunge, bis ein Druckausgleich zwischen Außendruck und dem Druck in der Lunge herrscht. Auf dem Weg durch Nase, Mundhöhle, Pharynx (Rachen), Larynx (Kehlkopf), Luftröhre (Trachea) und Bronchien wird die Inspirationsluft gereinigt, angefeuchtet und erwärmt [Röm03], bevor sie die Alveolen (Lungenbläschen) erreicht. In den Alveolen findet der Gasaustausch zwischen Atemluft und dem Blut statt: Kohlendioxid geht aus dem Blut in die Atemluft über und Sauerstoff gelangt ins Blut. In der sich an die Inspiration anschließenden Exspiration wird durch eine Verkleinerung des Brustkorbs ein Überdruck in der Lunge aufgebaut. Das Lungenvolumen wird komprimiert und die verbrauchte, sauerstoffarme und kohlendioxidreiche Luft entweicht aus der Lunge.

Die Atemwege der Lunge teilen sich fortwährend. Ausgehend von der Trachea, die bei der Ratte ca. 3,3 cm lang ist und 0,3 cm x 0,15 cm im Querschnitt misst, bis zu den Alveolen verdoppelt sich die Anzahl der Luftwege mit jeder nachfolgenden Generation, wobei ihr Durchmesser kontinuierlich abnimmt [Lül03]. Während beim Menschen die Durchmesser der beiden Tochterbronchien und -bronchiolen in etwa gleich groß sind, weist die Lunge der Ratte eine monopodiale Verzweigungsstruktur auf, d.h. die Tochterbronchien oder Tochterbronchiolen besitzen deutlich unterschiedliche Durchmesser [Kri00]. Die Trachea und die Hauptbronchien besitzen hufeisenförmige Knorpelspangen, die in straffes Bindegewebe ein-

3.1. FUNKTION UND MORPHOLOGIE DER LUNGE

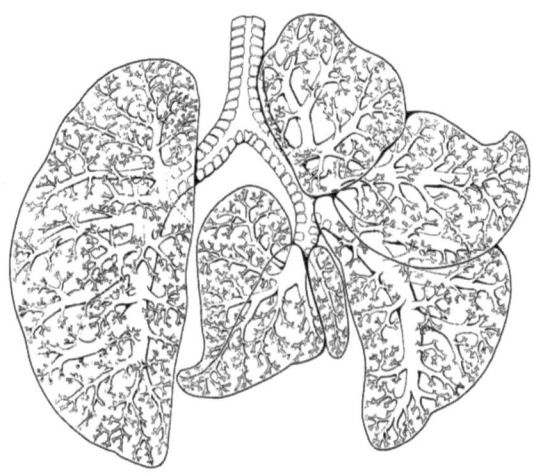

Abbildung 3.1: Darstellung der Lunge einer Laborratte
Dargestellt ist der Bronchialbaum der Lunge einer Laborratte. Während die menschliche Lunge aus zwei Lungenlappen besteht, ist die Lunge der Ratte aus insgesamt fünf Lungenlappen zusammengesetzt: ein großer linker Lungenlappen und vier (deutlich kleinere) rechte Lungenlappen [Kri00]. Die Abbildung ist [Heb76] entnommen.

gebunden sind und quer durch Muskulatur verbunden werden. In der Trachea und den Hauptbronchien befinden sich auch die reichlich vorhandenen seromukösen Drüsen. Die Knorpelspangen werden außerdem durch ein kollagenes Fasersystem der Länge nach zusammengehalten, das eine Längsausdehnung der Trachea erlaubt. Auf die Bronchien folgen die Bronchiolen, die im Unterschied zu den Bronchien kleiner im Durchmesser sind und keine Knorpeleinlagerungen aufweisen. Nach im Mittel 15 Bifurkationen folgen die ca. 2500 terminalen Bronchiolen (Bronchioli terminales). Diese Bronchiolen können schon vereinzelt in ihren Wänden Alveolen haben (Bronchioli respiratori). Um die Luftkonvektion aufrechtzuerhalten, müssen die Bronchien offen bleiben. Daher werden sie durch Knorpel versteift, bis schließlich in den Wänden der Bronchiolen die Knorpelelemente durch eine relativ dicke Schicht glatter Muskulatur ersetzt wird. Diese Muskulatur kann das Lumen der Bronchiolen stark verengen und damit den Atemwiderstand erheblich erhöhen, wie z.B. bei einem Asthmaanfall.
Das Atemsystem wird in zwei räumliche voneinander getrennte Bereiche eingeteilt [Kri00] [Lül03]:

Der konduktive Abschnitt: Hier findet der Transport der Atemluft statt aber kein Gasaustausch. Dazu gehören die Nase, der Rachen, der Kehlkopf, die Luftröhre, die Bronchien und teilweise auch die Bronchiolen. Der konduktive Abschnitt endet am *Bronchiolus terminalis*.

Der respiratorische Abschnitt: Hier findet der Gasaustausch zwischen dem Blut in den Kapillaren und der Atemluft statt. Das charakteristische Kennzeichen dieses Bereiches ist das Vorhandensein von Alveolen. Zum respiratorischen Abschnitt zählen die respiratorischen Bronchiolen und Alveolargänge (Ductus alveolares), die in die Alveolarsäcken (Sacculi alveolares) münden (Abbildung 3.2).

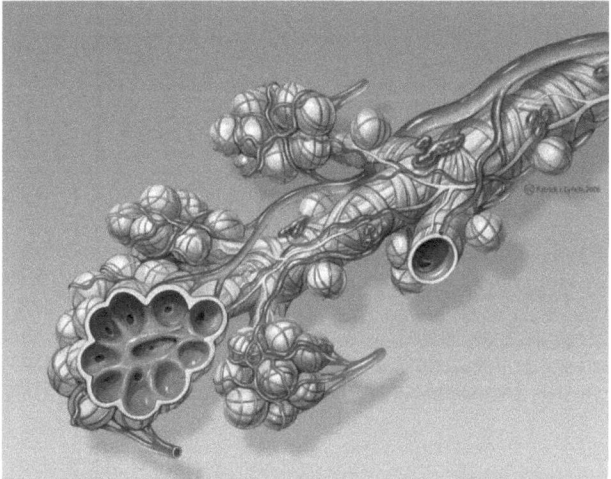

Abbildung 3.2: Skizze eines respiratorische Abschnitts
Die Abbildung [Lyn10] zeigt den schematischen Aufbau des respiratorischen Abschnitts. Von rechts kommend zweigen die Anzini und teilweise auch einzelne Aveolen vom Bronchiolus respiratorius ab. Ein feines Kapillarnetz umgibt jede einzelne Alveole.

Alle diejenigen respiratorischen Abschnitte, die einem Bronchiolus terminalis entspringen, werden wegen ihres Aussehens auch Azinus (Traube) genannt. Sie können bis zu mehrere tausend Alveolen beinhalten. Jeder der etwa 2500 Bronchioli terminales wird im Mittel nach 15 Bifurkationen und etwa 5,1 cm erreicht [Kri00]. Daran schließt sich ein 0,15 cm langer Azinus an. Bei einer Totalkapazität der Lunge von rund 10 ml beträgt das Volumen aller konduktiven Abschnitte von der Trachea bis zum Bronchiolus terminalis insgesamt nur etwa 1,2 ml [Kri00], den Rest (8,2 ml) macht der respiratorische Abschnitt aus. Die respiratorischen Abschnitte haben damit den weitaus größeren Anteil am Lungenvolumen [Kri00]. Der Gasaustausch findet in den rund $3 \cdot 10^7$ Alveolen statt. Für die Atmung stellen alle

3.2. LUNGENFUNKTIONSPARAMETER

	Ratte	Mensch
Lungenvolumen	10 ml	5 Liter
Atemzugvolumen	1,2 ml	0,5 Liter
Atemfrequenz	120 pro min	12 pro min
Alveolenanzahl	etwa 30 Millionen	etwa 30 Millionen
Alveolardurchmesser	50 μm	250 μm
Alveolarepithel	0,5 μm	0,6 μm
Lungenfläche	0,5 m^2	80 m^2
Verzweigungsmuster	monopod	dichotom
Sauerstoffaufnahme	24 ml/kg/min	4 ml/kg/min

Tabelle 3.1: Lungengrößen bei Mensch und Laborratte
Vergleichende Darstellung von Lungendimensionen von Mensch und Laborratte (entnommen aus [Kri00], [Ulm98], [Kri00]).

Alveolen zusammen eine Fläche von rund 0,5 m^2 zur Verfügung [Kri00]. Jede der zwischen 50 μm und 80 μm kleinen Alveolen wird von einem dichten Netz von Blutkapillaren umgeben. Das Blut und die Atemluft sind nur durch ein etwa 0,5 μm dünnes Epithel voneinander getrennt. In den Alveolen wird der Sauerstoff von den Erythrozyten (roten Blutkörperchen) des Bluts aufgenommen und das im Blut gelöste Kohlendioxid an die Atemluft abgegeben. Der Durchlässigkeitgrad des Alveolarepithels, das die Kapillaren und die Atemluft voneinander trennt, ist groß genug, um den Gasaustausch nicht zu beeinträchtigen. Der Motor des Gasaustausches ist das Partialdruckgefälle der beteiligten Gase Sauerstoff und Kohlendioxid zwischen Blut und Atemluft [Ulm98].

3.2 Lungenfunktionsparameter

Lungenfunktionsparameter dienen der Charakterisierung der Lungenfunktion und geben Hinweise auf mögliche Atemwegs- und Lungenerkrankungen. Lungenfunktionsparameter werden sowohl beim Tier als auch beim Menschen in Lungenfunktionstests ermittelt [Lip05] [Ulm98]. Unter dem Sammelbegriff Lungenfunktionstest fallen eine Reihe von Messverfahren wie beispielsweise die **Spirometrie** (Bestimmung der Lungenvolumina und expiratorischer Atemströme), **Ganzkörperplethysmographie** (Bestimmung von Lungenvolumina und Strömungswiderständen in den Atemwegen) sowie Atem- und Blutgasanalysen. Alle diese Verfahren liefern allerdings immer nur einen globalen Wert für die Lunge und keine ortsaufgelöste Verteilung der Werte. So können beispielsweise Ventilationsdefekte, d.h. einzelne Lungenbereiche, die nicht ausreichend mit Luft versorgt werden, zwar erkannt aber innerhalb der Lunge nicht lokalisiert werden. Im Folgenden werden die wichtigsten Lungenparameter und deren Bedeutung an einem einfachen mechanischen Lungenmodell erläutert.

Das Lungenmodell besteht aus einem Behältnis mit einem variablen Volumen V, das zwischen den zwei extremen Volumina V_{min} und V_{max} kontinuierliche Werte einnehmen kann.

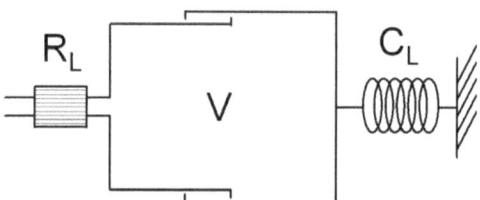

Abbildung 3.3: Einfaches mechanisches Lungenmodell
Das Lungenmodell bestehend aus einem Strömungswiderstand R_L, einem veränderlichen Lungenvolumen V und der Lungenelastizität (Compliance) C_L.

Die Luft kann über eine Zuleitung mit einem Strömungswiderstand R_L von außen in den Behälter einströmen. Eine mechanische Feder übt proportional zum Volumen einen Druck auf das Behältnis aus.

Totalkapazität der Lunge (TLC): Die Totalkapazität der Lunge (TLC) ist das Lungenvolumen bei maximaler Inspiration (bei einem Druck p_L von 25-30 mbar) und entspricht in dem mechanischen Lungenmodell dem Maximalvolumen V_{max}.

Residualvolumen (RV, RC): Das Residualvolumen (RV) ist das Lungenvolumen nach vorausgegangener maximaler Expiration. Im mechanischen Lundenmodell entspricht RV dem Minimalvolumen V_{min}.

Thorakales Gasvolumen (TGV) : Das Gasvolumen, das am Ende einer spontanen Expiration in der Lunge zurückbleibt, wird Thorakales Gasvolumen (TGV) genannt. Es bewegt sich zwischen der Totalkapazität und dem Residualvolumen $RV < TGV < TLC$. Das Thorakale Gasvolumen wird häufig auch als *Functional Residual Capacity* (FRC) bezeichnet.

Vitalkapazität (VC): Als Vitalkapazität (VC) ist die Volumendifferenz zwischen maximaler Ein- und Ausatmung definiert. VC = TLC − RV

Atemzugvolumen (V_T) : Das Atemzugvolumen V_T ist das bei der spontanen Atmung ein- und ausgeatmete Atemvolumen.

Atemfrequenz (f) : Die Atemfrequenz f gibt die Anzahl der In- und Expirationen pro Minute an.

Alveolarer Druck (p_{alv}) : Die Druckdifferenz zwischen dem Alveolarraum und der Mundöffnung wird als Alveolarer Druck (p_{alv}) bezeichnet.

3.2. LUNGENFUNKTIONSPARAMETER

Transpulmonarer Druck (p_L) : Der transpulmonare Druck p_L ist die Druckdifferenz zwischen der Pleura und der Mundöffnung und entspricht in etwa dem Alveolardruck (p_{alv}).

Strömungswiderstand in den Atemwegen (R_L): Der Strömungswiderstand in den Atemwegen wird mit dem Lungenwiderstand R_L (0,3 cmH$_2$0/cm^3) quantifiziert. Er ist definiert als das Verhältnis zwischen dem Atemfluß $\dot{V}$ (gemessen an der Mundöffnung) und dem transpulmonaren Druck p_L

$$R_L = \frac{\dot{V}}{p_L} \quad . \tag{3.1}$$

Compliance (Lungendehnbarkeit, C_L): Die Compliance C_L (0,6 cm^3/cmH$_2$0) ist definiert als die Änderung des Lungenvolumens ΔV pro Änderung des transpulmonalen Drucks Δp_L und ist ein Maß für die Elastizität der Lunge. Die mechanische Feder symbolisiert im Lungenmodell die Compliance.

$$C_L = \frac{\Delta V}{\Delta p_L} \tag{3.2}$$

Für die Atmung muss entweder der Atemmuskel oder ein von außen angeschlossenes Beatmungsgerät Arbeit gegen die Strömungswiderstände in den Atemwegen und gegen die (elastischen) Widerstände des Lungengewebes leisten [Irv03]. Der aufzubringende transpulmonale Druck p_L setzt sich demnach aus zwei Komponenten zusammen: dem Druckverlust durch Strömung in den Atemwegen p_R und dem Druck aufgrund der Lungendehnung und -stauchung p_C

$$p_L = p_R + p_C = R_L \cdot \dot{V} + \frac{1}{C_L} \cdot (V - TGV). \tag{3.3}$$

(3.3) beschreibt die Bewegungsgleichung einer normalen Atmung [Irv03].

Lungenparameter	Wert
Totalkapazität TLC	11 ml
Residualvolumen RV	1,5 ml
Thorakales Gasvolumen TGV	3 ml
Vitalkapazität VC	9,5 ml
Atemzugvolumen V_T	1,7 ml
Atemfrequenz f	110 min^{-1}
Strömungswiderstand R_L	0,3 mbar/cm^3
Compliance C_L	0,6 cm^3/mbar

Tabelle 3.2: Lungenparameterwerte
Dargestellt sind die typischen Lungenparameterwerte einer 300 g schweren Ratte (entnommen aus [Kri00]).

Mit empfindlichen Drucksensoren, exakten Fluß- und Volumenmesser und ausreichend schnellen Aufzeichnungsgeräten lassen sich an der narkotisierten Ratte Lungenparameter einfach und problemlos bestimmen. Für Lungenfunktionsmessungen am wachen Tier gibt es spezielle Ganzkörperplethysmographen. Sie bieten eine einfache, nicht invasive Methode, ein Tier ohne Anästhetikum und den damit verbundenen möglichen Komplikationen und Nebenwirkungen über einen langen Zeitraum zu überwachen. Allerdings werden die Ergebnisse in der Literatur derzeit noch sehr kontrovers diskutiert [Irv03] [Bux06].

3.3 Die chronisch-obstruktive Lungenerkrankung (COPD)

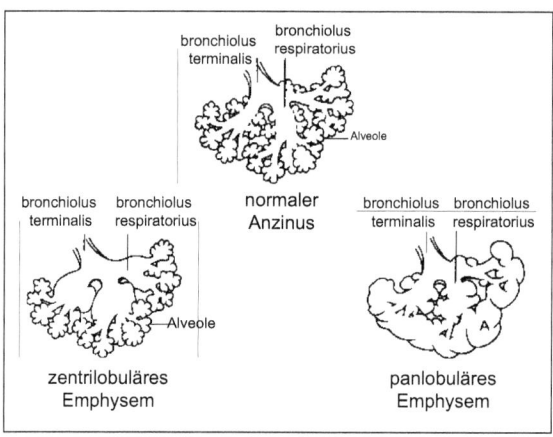

Abbildung 3.4: Schematische Darstellung eines Lungenemphysems

In der öffentlichen Wahrnehmung in Deutschland spielt die chronisch-obstruktive Lungenkrankheit (*engl.* Chronic Obstructive Pulmonary Disesase, COPD) derzeit noch keine bedeutende Rolle. Bislang ist sie auf Rang 6 der häufigsten Todesursache weltweit und wird sich bis zum Jahr 2030 auf den dritten Platz (nach Herzerkrankungen und Schlaganfällen) vorarbeiten, so Schätzungen der Weltgesundheitsorganisation WHO zufolge [WHO08]. Zudem wird sie auf Platz 5 der häufigsten Ursachen für Behinderungen aufsteigen. Etwa 90% aller COPD-Erkrankten leben in Ländern mit einem niedrigen oder mittleren pro-Kopf Bruttosozialprodukt *(low income or middle income countries)*. Die Ursache Nummer eins für die COPD ist das Rauchen. Daneben spielt die schlechte Luftqualität eine Rolle, verursacht zum einen durch die Feuerung mit fossilen Brennstoffen im Haushalt, zum anderen durch die industrielle Freisetzung von Staub, Brandgasen und chem. Reizgasen.
Unter dem Sammelbegriff der COPD verbirgt sich eine Vielzahl von Lungenerkrankungen,

vor allem aber sind damit die chronische Bronchitis sowie das Lungenemphysem gemeint [Wol06]. Kennzeichnend für die COPD ist eine Strömungsbehinderung in den Luftwegen, die eine Atemnot hervorruft, sowie Auswurf und ein starker Husten. Man nimmt an, dass zumeist die kleinen Luftwege an der Erhöhung des Ausatemwiderstandes ursächlich beteiligt sind. Beim Emphysem wird der maximale expirative Fluss durch Verminderung der elastischen Rückstellkraft der Lunge, die zum Ausstoß der Luft aus der Lunge nötig ist, eingeschränkt. Zudem wird der Durchmesser der Luftgefäße durch mehr oder weniger zähe Sekretablagerungen verringert. Die Verengung der Atemwege und die nachlassende Elastizität der Lunge führen zusammen zu einer Art Ventilfunktion in den Atemwegen, welche vor allem die Exspiration hindert. Die Alveolen entleeren sich jetzt bei der Exspiration nur noch unvollständig und werden mehr und mehr aufgebläht. Diesen Effekt bezeichnet man als *air trapping*.

Die mit dem Emphysem verbundene Läsion besteht neben der alveolaren Weitung auch in einer Destruktion von Lungengewebe in Bereichen ab der terminalen Bronchiole (siehe Abbildung 3.4). Für die Bewertung des Emphysems wird zumeist eine Einheit mehrerer Acini herangezogen, die von einer einzigen terminalen Bronchiole versorgt werden. Das sogenannte zentrilobuläre Emphysem wird durch Weitung und Destruktion der respiratorischen Bronchiolen verursacht. Diese Form des Emphysems findet sich häufig bei Tabakrauchern zumeist in den oberen Lungenflügeln. Das sogenannte panlobuläre Emphysem findet sich entlang des gesamten Acinus.

Die Bewertung der Lungenfunktion auf der Grundlage globaler Methoden ist derzeit noch unzureichend, da derzeit die regionalen exspiratorischen Flussminderungen nicht lokalisiert werden können. Nach den Leitlinien der Global Initiative for Chronic Obstructive Lung Disease (GOLD) besteht eine COPD bei einem Menschen, wenn bei der Exspiration der Atemluft eine Flussminderung vorliegt, so dass das Verhältnis FEV1:FVC von weniger als 70% [Fab03] vorliegt. Das forcierte expirierte Volumen der ersten Sekunde (FEV1) stellt die maximal in einer Sekunde ausgeatmete Gasmenge dar. Die forcierte Vitalkapazität (FCV) bezeichnet das maximal exspirierte Volumen bei einer forcierten Exspiration. Der Normwert für das Verhältnis FEV1:FVC beträgt > 75%. Die einzige bis heute bekannte effiziente Intervention ist die Aufgabe des Rauchens. Pharmakologische Therapien können zur Symptomlinderung und einer Verbesserung der Lebensqualität führen [Sut04]. Ein großes Problem der COPD ist das Fehlen eines Diagnostizierverfahrens im Frühstadium, da die Spirometrie erst bei deutlicher Flussminderung auffällig wird.

3.4 Induzierung eines Lungenemphysems in der Tierlunge

Die Entstehung eines Lungenemphysems kann durch unterschiedliche Tiermodelle nachgestellt werden. Durch die Instillation von Enzymen (z.B. Elastase) oder das Aussetzen der Tiere in Stickoxiden oder Zigarettenrauch kann in der Tierlunge ein Lungenemphysem induziert werden [Mah02]. Die Schwere des Emphysems wird durch die Dosis und die Dauer der Exposition reguliert. Ein etabliertes Lungenemphysem-Modell ist die Instillation (*lat.* Einträufelung) des Verdauungsenzyms (Pankreas-)Elastase in die Lunge ([Sni86],[Feh06]). Die Instillation von Elastase in die Lunge ist eine zuverlässige und relativ unproblematische

28 KAPITEL 3. LUNGENPHYSIOLOGISCHE GRUNDLAGEN

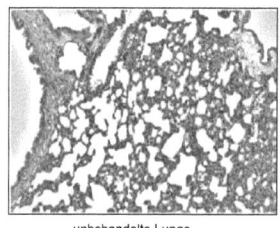
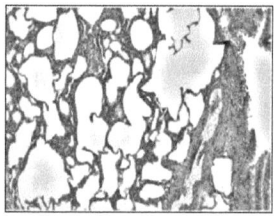

unbehandelte Lunge mit Pancreaselatase behandelte Lunge

Abbildung 3.5: Histologische Schnitte zweier Rattenlungen
Links ist ein histologischer Schnitt einer unbehandelten Lunge und rechts einer mit Pankreaselastase instillierten Lunge dargestellt. Deutlich ist der vergrößertes Alveolardurchmesser in der behandelten Lunge zu erkennen. Die histologische Untersuchung fand 30 Tage nach der Elastaseinstillation im Rahmen der in Kapitel 6.3.3 durchgeführten ADC-Messungen statt.

Methode, ein Lungenemphysem innerhalb kurzer Zeit zu induzieren. Die Elastase ist ein eiweißspaltendes Verdauungsenzym. Es wird in der Bauchspeicheldrüse (Pankreas) produziert und von dort in den Dünndarm abgegeben.
In die Lunge instillierte Pankreaselastase spaltet das Eiweiss Elastin und zerstört dadurch die Wände der Alveolen. Es führt schließlich zu einer emphysematischen Läsion in der Lunge. In Abbildung 3.5 sind zur Illustration zwei histologische Schnitte einer gesunden und einer mit Pankreaselastase instillierten Lunge dargestellt. Im Vgl. zur gesunden Lunge erscheinen die Alveolen der mit Elastase behandelten Lunge größer. Die durch das Enzym ausgelöste Zerstörung eines Teils der Alveolarwände sorgt im Ergebnis dafür, dass der Alvelardurchmesser heranwächst und dass die Anzahl der Alveolen sinkt.

Kapitel 4

Die Applikation von ^{3}He

Eine quantitative Auswertung von Lungenaufnahmen wird erst dann möglich, wenn der Zeitpunkt der ^{3}He-Verabreichung und die verabreichte Gasmenge vom Experimentator möglichst genau gesteuert werden können. Darum wurde in enger Zusammenarbeit mit der Boehringer Ingelheim Pharma GmbH eine ^{3}He-Applikationseinheit speziell für den Einsatz an der Laborratte entwickelt. In diesem Kapitel wird dieses System vorgestellt.

4.1 Motivation

Im Unterschied zur Magnetresonanztomographie mit Protonen muss bei der Lungenbildgebung mit ^{3}He das hyperpolarisierte Gas erst in die Lungen eingeatmet werden, bevor eine Aufnahme möglich ist. Bei Patienten oder Probanden ist es möglich, dass ^{3}He in einem Kunststoffbeutel expandiert und vom Patienten nach Aufforderung aus diesem Beutel eingeatmet wird. Während der anschließenden Atemanhaltepause (Apnoe) von 10-20 Sekunden wird die MRT-Aufnahme der Lunge erstellt. Dieses Verfahren hat allerdings zwei große Nachteile: Weder der genaue Zeitpunkt des Einatmens noch die eingeatmete Gasmenge sind bekannt. Gleichzeitig stört dieses Verfahren den Atemrhythmus des Patienten und reduziert die Reproduzierbarkeit des Atemzuges. Aus diesem Grund wurde in [Lau97] und [Fil01] eine Applikationseinheit gebaut und weiterentwickelt, mit deren Hilfe es möglich ist, ein definiertes Volumen ^{3}He zu einem definierten Zeitpunkt in den Atemstrom des Patienten zu bringen und gleichzeitig durch Triggerung des MR-Tomographen die Aufnahme zu dem Zeitpunkt zu starten, in dem das Gas in die Lungen strömt. Bei In-vivo-Messungen am Versuchstier, wie zum Beispiel der Ratte, ist die Situation komplizierter. Zum einen muss sich für die Zeit der Messung das Tier in einer tiefen Narkose befinden, um so die Spontanatmung zum Erliegen zu bringen und die ^{3}He-Administration steuern zu können. Die Atemarbeit kann nach dem Erliegen der Spontanatmung nicht mehr vom Tier selbst geleistet werden, sondern wird von einem Beatmungsgerät übernommen. Man spricht in diesem Fall von einer *Zwangsbeatmung*: Das Beatmungsgerät gibt Atemvolumen und -frequenz vor und sorgt so für eine ausreichende Versorgung der Lungen mit Sauerstoff und den Abtransport von CO_2. Zum anderen ist sowohl das Lungenvolumen der Ratte mit rund 10 ml als auch das Atemzugvolumen mit 1-2 ml um fast drei Größenordnungen kleiner als beim Menschen. Daraus ergeben sich höhere Anforderungen an die Genauigkeit von Steuerung und Kontrolle der Atemvolumina. Insbesondere ist die ^{3}He-Administration von diesen kleinen Mengen ohne nennenswerten Polarisations- und Signalverlust eine Herausforderung, da bei kleinen ^{3}He-Volumina das Oberflächen-zu-Volumenverhältnis besonders ungünstig ist und die Wandrelaxation ansteigt (siehe 2.3.1).

4.2 Anforderungen an einen ^{3}He- Applikator

4.2.1 Atemphysiologische Anforderungen

Im Kapitel 3 wurde bereits auf die atemphysiologischen Grundlagen eingegangen. Daran anknüpfend ergeben sich die Anforderungen an ein Beatmungsgerät, die hier nachfolgend vorgestellt werden sollen. In der Anästhesie unterscheidet man zwischen zwei grundlegenden Respirationsmodi:

1. Die *spontane Ventilation (SV)* umfasst alle Variationen von Spontanatmung am Respirator. Der Patient ist hierbei aktiv in der Lage, die gesamte oder zumindest einen Teil der Atemarbeit zu leisten. Er bestimmt dabei den Zeitpunkt der Inspiration und der Exspiration, die Atemfrequenz und das Atemzugvolumen.

2. Die *positive Druckbeatmung (mandatorische Ventilation, MV)* entspricht einer Zwangsbeatmung, bei welcher der Patient nach einer am Respirator eingestellten Atemfrequenz, Atemzugvolumen oder Atemdruck kontrolliert beatmet wird. Ziel der mandatorischen Beatmung ist es, die Sauerstoffversorgung und die CO_2-Abgaben aufrecht zu erhalten und auch dann zu gewährleisten, wenn die Spontanatmung z.B. durch eine tiefe Anästhesie oder durch Spritzen eines Muskelrelaxans zum Erliegen kommt. Hier übernimmt das Beatmungsgerät die Atemarbeit.

Vergleicht man die Spontanatmung mit der Zwangsbeatmung, so stellt man fest, dass bei beiden Atmungsvarianten die Druckverhältnisse gerade invertiert sind. In der *Spontanatmung* weitet sich durch Kontraktion der Atemmuskulatur der Brustkorb. Innerhalb der Lungen baut sich ein Unterdruck auf, der Frischluft über Nase, Mund und Trachea in die Lungen strömen lässt. Beim Ausatmen relaxiert die Atemmuskulatur. Die dabei auftretenden Rückstellkräfte komprimieren die Lunge und sie entleert sich. Die Druckdifferenzen zwischen Aus- und Einatmen liegen bei wenigen Millibar. Im Gegensatz zur Spontanatmung presst in der *mandatorischen Beatmung* das Beatmungsgerät die Luft in die Lunge hinein: Beim Einatmen herrscht ein Überdruck in der Lunge. Bei dieser künstlichen Beatmung treten Nebenwirkungen vor allen Dingen durch die invertierten Druckverhältnisse und Druckspitzen (bis zu 25 bar) bei der Beatmung auf. So verursacht beispielsweise die starke Dehnung des Gewebes und der hohe intrapulmonale Druck eine Kompression der Lungenvenen. Eine Verminderung des venösen Blut-Rückstroms zum Herzen ist die Folge. Um die Nebenwirkungen für den Patienten so gering wie möglich zu halten, sollte darum der Einsatz der Zwangsbeatmung äußerst behutsam vorgenommen werden. Zudem empfiehlt es sich, am Ende der Exspiration in den Alveolen einen leichten Überdruck aufrecht zu erhalten *(Positiver end-exspiratorischer Druck, PEEP)*. Dies bedeutet, dass der Druck

4.2. ANFORDERUNGEN AN EINEN ^{3}HE- APPLIKATOR

in den oberen Atemwegen nicht auf den atmosphärischen Druck abfällt, sondern während und vor allem am Ende der Ausatmung stets über dem atmosphärischen Niveau gehalten wird. So sorgt er für ein beständiges „Luftwege-Druckgerüst", das die kleinen Luftwege und die kleinen Alveolen offen hält, einen Kollaps der unteren Atemwege verhindert und damit den alveolaren Sauerstoffpartialdruck auf einem höheren Niveau hält. In [Röm03] werden die Anforderungen an eine ordnungsgemäße Beatmung zusammenfassend dargestellt:

- Während der Inspiration sollte der maximale Druck in den oberen Luftwegen (d.h. Trachea, Bronchien) gerade so hoch sein, dass er für ein vollständiges und der jeweiligen Situation angepasstes Atemzugvolumen ausreicht.

- Der Atemdruck sollte den minimalen Druck, der zum Erreichen des notwendigen Atemzugvolumens gerade notwendig ist, nicht überschreiten. Eine unnötige Beeinträchtigung des intrathorakalen Blutvolumens und mechanische Schäden der Lunge wären ansonsten die Folge.

- Die Inspirationsphase sollte gerade so lange dauern, bis ein vollständiges, der Situation angepasstes Atemzugvolumen zustande kommt.

- Im Allgemeinen sollte, unabhängig von der Körpergröße des Tieres, innerhalb von 0,5-1,5 Sekunden ein vollständiges Atemzugvolumen erreicht werden.

- Die Inspirationsphase sollte nicht länger als die Hälfte, besser noch nur ein Drittel des gesamten Atemzyklus dauern.

- Als Normwerte des Atemzugvolumens sind zwischen 10 ml und 20 ml pro Kilogramm Körpergewicht des Tieres anzusetzen, d.h. bei einem 300 g schweren Tier zwischen 3 ml und 6 ml.

Die maschinelle Beatmung lässt sich in vier Arbeitstakte unterteilen: die Inspiration, der Wechsel von der Inspiration zur Exspiration, die Exspiration und schließlich der Wechsel von der Exspiration zur Inspiration. Für den Wechsel von der Inspiration zur Exspiration ist ein Kriterium notwendig, das angibt, wann die Inspiration beendet ist. Dafür kann entweder die verstrichene Zeit, der Atemdruck oder das Atemvolumen herangezogen werden. Je nachdem, welches Kriterium verwendet wird, zählt man das Atemgerät zu einer der beiden Gruppen:

1. **Zeitgesteuerte Respiration**: Beginn und Ende der Inspiration und der Exspiration sind durch feste Zeitpunkte bestimmt. Die Beatmung ist dadurch determiniert.

2. **Druckgesteuerte Respiration**: Die Umschaltung von Inspiration auf Exspiration wird erst dann vorgenommen, wenn der aktuelle, am Atemventil gemessene Druck mit einem Solldruck übereinstimmt. Weder die Zeit bis zum Erreichen des Solldrucks noch das dabei applizierte Volumen haben einen Einfluss auf den Abschluss der Inspirationsphase. Probleme ergeben sich, wenn erhöhte Widerstände in den Luftzuleitungen (z.B. abgeknickter Inspirationsschlauch, abgeknickter Tubus oder sekretgefüllte Bronchien) für einen sehr schnellen Druckanstieg mit sehr hohen Druckspitzen sorgen und dadurch einen vorzeitigen Abbruch der Inspiration verursachen. Die Inspirationsphase ist dann zu kurz und es kommt zu einer Minderbelüftung der unteren Luftwege.

3. **Volumensteuerung**: Bei diesen Geräten wird der Wechsel von Inspiration auf Exspiration anhand des applizierten Volumens durchgeführt. Sobald eine vorgegebene Gasmenge in die Lunge des Tieres geströmt ist, beendet das Beatmungssystem die Inspirationsphase.

4.2.2 Technische Anforderungen

Einschränkungen durch den Einsatz in hohen magnetischen Feldern

Durch den Einsatz des Beatmungsgerätes in sehr hohen Magnetfeldern von bis zu mehreren Tesla ist es unmöglich, ferromagnetische Materialien in den Teilen der Apparatur zu verwenden, die hohen Magnetfeldgradienten ausgesetzt sind. Dies hat zwei Gründe:

- Ferromagnetische Körper haben ein besonders großes magnetisches Moment $\vec{\mu}$ und erfahren in einem magnetischen Feld eine Kraft gemäß $\vec{F} = \vec{\nabla}\left(\vec{\mu} \cdot \vec{B}\right)$ in Richtung größerer magnetischer Flussdichte $\vec{B}$. Sicherheitstechnische Aspekte verbieten deshalb den Einsatz von ferromagnetischen Stoffen in der Umgebung eines Tomographen.

- Ferromagnetische Körper erzeugen innerhalb des Tomographen Magnetfeldinhomogenitäten, welche auf die Bildqualität des Magnetresonanztomographen störend wirken. Dieser Effekt ist selbst bei kleinsten ferromagnetischen Gegenständen deutlich zu beobachten.

Eine weitere Einschränkung bei der Auswahl der Materialien ergibt sich bei schnell bewegenden Teilen (Kolben oder Ventilen), wenn sie aus elektrisch leitenden Materialen (z.B. Metallen) gefertigt sind. Dort besteht die Gefahr, dass durch die schnellen Bewegungen und die hohen Magnetfelder große Wirbelströme induziert werden, die für Artefakte in den Bildern verantwortlich sind. In [Lau97] wurde zu diesem Sachverhalt im Rahmen eines Vorversuchs ein kleiner Aluminiumzylinder von 2 cm Durchmesser und 1,5 cm Länge mit einer Geschwindigkeit von ca. 1 cm/s während einer MR-Bildgebungssequenz im Tomographeninneren von Hand bewegt. Die dabei induzierten Wirbelströme waren ausreichend, dass Artefakte auftraten und die Aufnahmen nicht mehr zu verwerten waren. Darum dürfen in der Konstruktion die beweglichen Teile nur aus nichtleitenden Materialien wie beispielsweise Kunststoffen angefertigt werden und ferner die unbeweglichen Komponenten aus nicht ferromagnetischen Metallen (wie beispielsweise Aluminium, Messing oder Titan) bestehen.

Maximierung des ^{3}He-Polarisationstransfers

Das Nutzsignal und damit die Kontrastwirkung des verabreichten Heliums skaliert proportional mit der Polarisation des ^{3}He. Ein zentrales Anliegen bei der Entwicklung eines ^{3}He-Applikators ist es deshalb, ^{3}He mit einem möglichst hohen ^{3}He-Polarisationsgrad zu applizieren. Das bedeutet zum einen, dass für die ^{3}He-Bildgebung Gas mit einem sehr hohen Polarisationsgrad zur Verfügung gestellt werden muss und zum anderen, dass die Polarisationsverluste bei der Applikation gering zu halten sind. In Kapitel 2.3 wurde bereits auf die dominanten polarisationszerstörenden Prozesse eingegangen. Die Polarisationserhaltung ist demnach im Wesentlichen von der Wahl des Oberflächenmaterials, der Ausbildung der Oberfläche, dem Oberflächen-zu-Volumenverhältnis und nicht zuletzt von der Verweildauer des Gases in dieser Umgebung abhängig. Gerade bei den kleinsten zu applizierenden ^{3}He-Volumina von wenigen Millilitern ist das ungünstige Oberflächen-zu-Volumenverhältnis von Bedeutung. Nur Materialien mit langen Relaxationszeiten und einer kurzen Verweilzeit des Gases können diesen nachteiligen Effekt kompensieren. Aufgrund des ungünstigen Relaxationsverhaltens verbietet sich der Einsatz von ferromagnetischen Materialien für alle Positionen, die unmittelbar mit ^{3}He in Berührung kommen oder sich in der Nähe des ^{3}He befinden.

Neben der Wandrelaxation spielt auch die Gradientenrelaxation eine große Rolle, da sich der Applikator in einem inhomogenen magnetischen Gradientenfeld befindet.

4.3 Applikatorentwurf

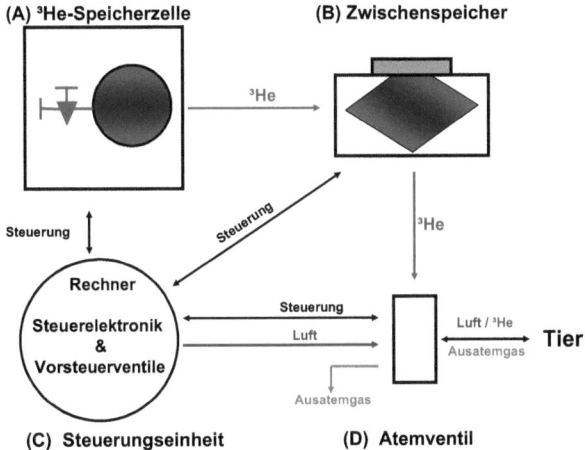

Abbildung 4.1: Entwurf des Applikators
Dargestellt ist der Entwurf des ^3He-Applikators. Es handelt es sich hierbei um ein komplettes und eigenständiges Beatmungssystem, dass zusätzlich mit der Möglichkeit versehen ist, neben Atemluft auch ^3He zu applizieren. Dafür sind zusätzlich der Zwischenspeicher und die ^3He-Zelle eingebaut.

Basierend auf den atemphysiologischen und technisch-physikalischen Anforderungen wurde ein erster Entwurf eines ^{3}He-Applikators entwickelt, dessen vier zentrale Komponenten und deren Zusammenspiel in Abbildung 4.1 dargestellt sind. Das **Atemventil (D)**, der kleine ^{3}**He-Zwischenspeicher (B)**, die ^{3}**He-Speicherzelle (A)** und die **Steuerungseinheit (C)** bilden die vier zentralen Komponenten.

Die Schnittstelle zwischen dem Beatmungsgerät und dem zu beatmenden Tier ist das Atemventil (D). Über einen ca. 3 cm langen Endotrachealtubus ist das Atemventil mit dem Tier verbunden. Das Atemventil befindet sich gemeinsam mit dem Tier während der Aufnahme im Tomographen. Am Atemventil laufen die zwei Leitungen für die Inspirationsgase Luft/Narkosegas und ^{3}He und eine Leitung für das Exspirationsgas zusammen. Ein Manometer überwacht den Atemdruck.

Die Lagerung des ^{3}He findet in der großen ^{3}He-Speicherzelle (A) außerhalb des Tomographen statt, da die beengten Platzverhältnisse innerhalb des Tomographen dort keine Lagerung zulassen. Als Speicherbehältnis ist eine sphärische Glaszelle mit einem Volumen von 1,1 Liter vorgesehen, wie sie üblicherweise beim Transport von ^{3}He eingesetzt wird. Mit einem Fülldruck von 3 bar (abs.) fasst sie eine frei verfügbare Gasmenge von ca. 2.2 bar·Liter (1 bar ^{3}He-Restdruck verbleibt in der Zelle). Damit der anfänglich hohe ^{3}He-Polarisationsgrad während dieser Lagerzeit nur wenig abnimmt, ist es wichtig, dass die Transportzelle in einem magnetisch homogenen Bereich gelagert wird. Ansonsten verursachen Magnetfeldgradienten Relaxationsprozesse, die im Verlauf der Messzeit die Polarisation deutlich herabsetzen. Im Streufeld liegen die Relaxationszeiten unterhalb einer Stunde (siehe Abbildung 4.6). Da die Lagerung über mehrere Stunden geplant ist, sind die zu erwartenden Relaxationszeiten deutlich zu kurz. Also muss ein Bereich im Streufeld homogenisiert werden, damit dort das ^{3}He für die Dauer der Messungen ohne große Polarisationsverluste aufbewahrt werden kann.

Zwischen der ^{3}He-Zelle und dem Atemventil ist ein ^{3}He-Zwischenspeicher (B) gesetzt, der sich - ebenso wie das Atemventil - in unmittelbarer Nähe zum Tier im Tomographen befindet. Über eine dünne Kapillarleitung wird er aus dem ^{3}He-Speicher befüllt. Bevor dem Tier ^{3}He über das Atemventil verabreicht wird, strömt die zu applizierende Gasmenge über diese Kapillarleitung vom ^{3}He-Speicher in den ^{3}He-Zwischenspeicher. Hierin wird das Gas immer auf Atmosphärendruck gehalten. Anschließend wird das ^{3}He aus dem Zwischenspeicher über das Atemventil appliziert. Eine direkte ^{3}He-Applikation aus der ^{3}He-Speicherzelle (A) heraus zum Tier, d.h. ohne den Umweg über einen Zwischenspeicher, wurde aus zwei Gründen nicht favorisiert: Erstens nimmt der Zellendruck (und damit die Fließgeschwindigkeit des Gases) kontinuierlich von anfänglich 3 bar (abs.) bis auf 1 bar (abs.) ab. Damit die ^{3}He-Fließgeschwindigkeit zum Tier nicht solchen großen Schwankungen unterlegen ist, müsste eine steuerbare Drossel in Eigenentwicklung für den Einsatz mit ^{3}He entwickelt werden, die - abhängig vom Zellendruck - den ^{3}He-Fluss regelt. Zweitens besteht die Möglichkeit, den Zwischenspeicher später zur Herstellung von definierten Mischungsverhältnissen zwischen ^{3}He und anderen Gasen (beispielsweise SF_6) einzusetzen, indem man beide Gase im Zwischenspeicher zusammenbringt und mischt. Werden beide Gase dann gemeinsam appliziert, so lässt sich dadurch die ^{3}He-Diffusion in der Lunge gezielt steuern. Diese Möglichkeit ist zwar für den Prototypen unseres Applikators noch nicht vorgesehen, aber die technischen Voraussetzungen ermöglichen diese Option. Als Zwischenspeicher dient ein gasdichter, bis zu 40 ml fassender elastischer Balg, der in einer Gasatmosphäre mit einem regelbarem Druck gelagert ist. Der ^{3}He-Druck im Balginneren gleicht sich jeweils dem Druck der umgebenden Gasatmosphäre an. Über eine kurze Leitung sind Balg und das benachbarte Atemventil miteinander verbunden. Bevor nun das Gas während der Applikation in das Atemventil gelangt, strömt es über einen Flussmesser, so dass die dem Tier applizierte Gasmenge gemessen werden kann.

Die Steuerung aller periodisch wiederkehrenden Abläufe am Beatmungsgerät übernimmt ein Rechner (PC), u. a. auch das Schalten zwischen Inspiration und Exspiration, das Applizieren von ^{3}He und das Füllen des ^{3}He-Zwischenspeichers aus der Transportzelle. Er ist Teil der Steuerungseinheit (C). Alle Ventile, die sich in der unmittelbaren Umgebung des Tomographen befinden, können durch das hohe Magnetfeld und den hohen Magnetfeldgradienten nicht elektromagnetisch angesteuert werden. Als Alternative dazu haben wir eine pneumatische Ansteuerung der Ventile mit Pressluft vorgesehen, über Plastikdruckschläuche von einer Steuerungseinheit aus erfolgen. Diese Steuerungseinheit befindet sich in etwa 3-4 m Entfernung vom Tomographen in einem Bereich mit einer unkritischen Magnetfeldstärke. In dieser Steuerungseinheit werden die elektrischen Impulse des Rechners in pneumatische Signale umgesetzt. Da die magnetische Feldstärke im Bereich der Steuerungseinheit gering ist, können hierzu elektromagnetische Ventile *(Vorsteuerventile)* eingesetzt werden.

Der Kontakt mit paramagnetischem Sauerstoff aus der Umgebungsluft muss in allen ^{3}He-führenden Leitungen vermieden werden. Dazu sind zwei Verfahren vorgesehen: Alle ^{3}He-führenden Leitungen und der ^{3}He-Zwischenspeicher können mit reinem Stickstoff gespült werden. Zusätzlich dazu können alle ^{3}He-führenden Leitungen und der Zwischenspeicher über eine Pumpe bis auf wenige Millibar evakuiert werden.

4.4 Funktionsbeschreibung der Apparatur

Nachdem der Entwurf des Applikationssystems vorgestellt wurde, soll jetzt das realisierte Applikationssystem dargestellt werden. Bevor im Detail auf die einzelnen Komponenten eingegangen wird, werden die unterschiedlichen Funktionen an Hand eines Schaltplans dargelegt.

Zwei Komponenten, der ^{3}He-Zwischenspeicher und das Atemventil, befinden sich in der Nähe des Tieres innerhalb des MR-Tomographen bei einer Flußdichte von bis zu mehreren Tesla. Wegen der beengten Platzverhältnisse im Tomographen ist dort eine Lagerung der ^{3}He-Zelle nicht möglich. Daher befindet sich die Zelle außerhalb des Tomographen. Alle magnetischen Bauteile des Applikators und alle Elemente, die keinen hohen magnetischen Feldern ausgesetzt werden dürfen, befinden sich in einem Abstand, bei dem die magnetische Flussdichte weniger als 0,5 mT beträgt. Dazu gehören die elektromagnetisch geschalteten Vorventile, der Rechner (PC) und die Steuerelektronik. Die Verschaltung des Applikators zeigt Abbildung 4.3, auf die auch in den folgenden Unterpunkten Bezug genommen wird.

4.4.1 Beatmung des Tieres

Die Versorgung der Lungen mit einem Luft/Narkosegas-Gemisch geschieht über das Ventil V2 des Atemventilblocks, der sich dicht am Tier im Tomographen befindet. Das Luft/Narkosegasgemisch wird einem Reservoir (hauseigene Laborgasversorgung oder eine Druckflasche) entnommen, wobei der Druck mehrere bar betragen kann. Ein zwischengeschalteter elektronisch gesteuerter Druckregler (R2) reduziert diesen Eingangsdruck auf einen Ausgangsdruck im atemphysiologischen Bereich des Tieres, d.h. auf einen frei wählbaren Wert von wenigen Millibar. Dieser eingestellte Beatmungsdruck *(Luftvordruck)* p wird durch den Drucksensor (M2) überwacht und an den Steuerrechner übermittelt. Je

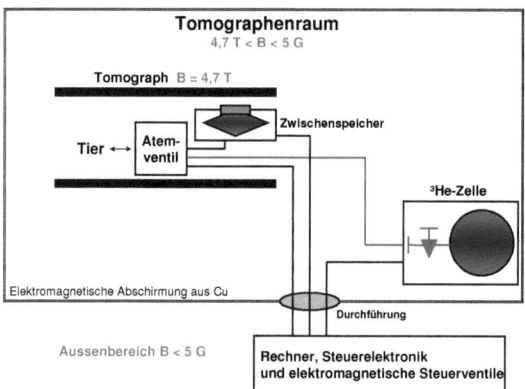

Abbildung 4.2: Aufbau des Applikators an einem Hochfeldtomographen
Dargestellt ist die räumliche Anordnung der Komponenten um den Tomographen. Atemventil, ^{3}He-Zwischenspeicher und die ^{3}He-Zelle sind innerhalb des Tomographenraums, während Rechner, Steuerelektronik und die Steuerventile sich außerhalb in einem Bereich von weniger als 0,5 mT befinden. Die Faradaysche Abschirmung aus Cu um den Tomographenraum herum verhindert das Eindringen von elektromagnetischer Strahlung, die die Bildgebung stört. Die Abschirmung ist an einer Stelle unterbrochen, um die Versorgunsgleitung zum Atemventil und zum ^{3}He-Zwischenspeicher durchzuführen.

höher der gewählte Druck p ist, umso höher ist auch der Luftstrom j und umso schneller wird das Soll-Atemvolumen erreicht. Zusätzlich dazu ist in die Luft/Narkosegas-Zuleitung ein Atemflussmesser (F2) eingebaut, der den Luftstrom j zum Tier misst. Aus dem gemessenen Luftstrom j und der verstrichenen Zeit Δt berechnet der Steuerrechner kontinuierlich das geströmte Gasvolumen $V = \int j \cdot dt$. Für den Vordruck p werden üblicherweise Werte im Bereich von 20 mbar bis 40 mbar gewählt. Am Ende der Inspiration wird V2 geschlossen. Im Anschluss an die Inspirationsphase erfolgt entweder ein kurzer Atemstillstand (Apnoe) oder die Exspiration setzt sofort mit dem Öffnen von V1 ein. Über V1 kann das Ausatemgas aus der Tierlunge herausströmen. Den minimalen Druck in der Tierlunge (gemessen an M4) am Ende der Exspirationsphase kann der Benutzer über die Öffnungszeit von V1 regeln: Je länger das Ventil V1 geöffnet ist, umso mehr Luft strömt aus der Lunge heraus und umso tiefer fällt der Druck in der Lunge ab, bis er schließlich den Wert des Umgebungsdrucks erreicht hat.

4.4. FUNKTIONSBESCHREIBUNG DER APPARATUR

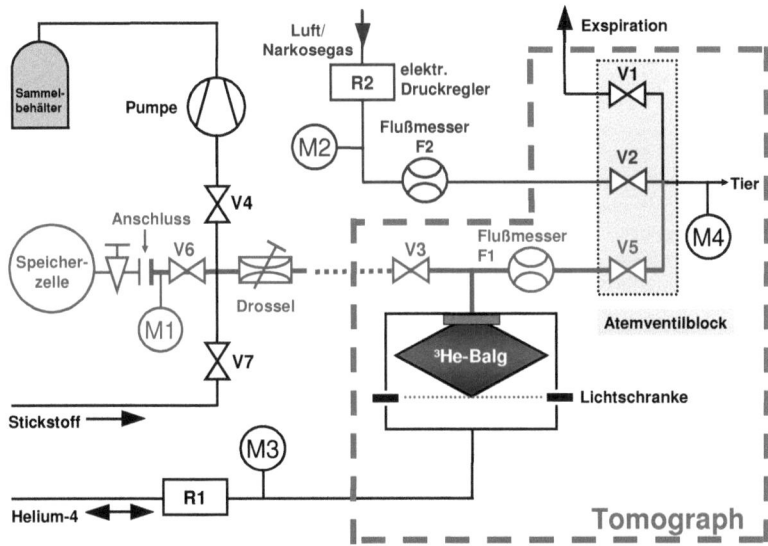

Abbildung 4.3: Schaltplan des Applikators
V1-V7 : pneumatische Ventile ; M1-M4: Manometer; R1, R2: elektronische Druckregler; F1, F2: Flusssensoren. Alle Komponenten innerhalb des rot markierten Bereiches befinden sich im Tomographen.

4.4.2 Applikation von ^{3}He

Die Applikation von ^{3}He erfolgt über V5 am Atemventilblock und dem ^{3}He-Zwischenspeicher. Der Zwischenspeicher besteht aus einem kleinen, 30 ml bis 40 ml fassenden Balg, der in einer Kunststoffbox untergebracht ist. Die speicherbare ^{3}He-Menge entspricht mehrerer Atemzugvolumina. Zwischen der Kunststoffbox und Balg befindet sich Helium-4 bei einem Druck zwischen 0 mbar und 40 mbar (relativ zum Atmosphärendruck), der über den elektronischen Druckregler (R1) vom Benutzer festgesetzt werden kann. Zur ^{3}He-Applikation wird V5 geöffnet und das Helium-4 drückt das ^{3}He aus dem gefüllten Balg in die Tierlunge. Den ^{3}He-Gasstrom bestimmt der Flussmesser (M3), der zwischen Balg und Atemventil platziert ist. Auch hier wird aus dem gemessenen ^{3}He-Strom j und der verstrichenen Zeit Δt vom Steuerrechner das applizierte Volumen berechnet. Über eine Veränderung des Helium-4-Vordruckes (M3) kann man den ^{3}He-Gasfluss variieren.

4.4.3 Füllen des Zwischenspeichers

Vor einer ³He-Applikation muss zunächst der leere Zwischenspeicher mit ³He aus der Speicherzelle gefüllt werden. ³He-Restmengen im Balg oder in der Transferleitung zwischen Balg und Zelle können depolarisiert sein und werden darum vor dem Befüllen von einer Pumpe über die Ventile V4 und V3 in einen Behälter gepumpt und dort gesammelt. Ein Vermischen von neuem hyperpolarisiertem ³He und altem bereits depolarisiertem ³He würde ansonsten die mittlere ³He-Polarisation im Balg herabsetzen. Nachdem nun der Balg und die Transferleitung bis auf wenige Millibar evakuiert wurden, öffnet der Steuerrechner zeitgleich die beiden Ventile V6 und V3 und neues ³He strömt über eine manuelle Drossel in den Balg hinein. M1 zeigt den Druck in der Speicherzelle an. Eine Lichtschranke registriert, wenn das maximale Balgvolumen erreicht ist und gibt das Signal zum Schließen der Ventile V3 und V6. Der ³He-Zwischenspeicher ist jetzt für die nächste ³He-Applikation gefüllt.

4.4.4 Spülen und Evakuieren der ³He-führenden Leitungen mit Stickstoff

Beim Anschließen einer neuen ³He-Transportzelle strömt die Umgebungsluft aus der Atmosphäre in ³He-führende Leitungen und es besteht die Gefahr, dass die Luft auch in den ³He-Zwischenspeicher und in die ³He-Transportzelle gelangen kann. Geringe Mengen an paramagnetischem Sauerstoff und Wasser in Transportzelle oder Zwischenspeicher reduzieren deutlich die ³He-Relaxationszeit und führen zu einer raschen Abnahme der Polarisation. Einige ³He-Transportzellen haben zur Verbesserung ihrer Wandrelaxationszeit eine Innenbeschichtung aus elementarem Cäsium. Gelangen Feuchtigkeit und Sauerstoff über die ³He-Leitung in die Zelle hinein, dann reagieren diese Stoffe sofort mit dem Alkalimetall. Das Cäsium verliert seine relaxationsverlängernde Eigenschaft und die Zelle muss in einem sehr aufwändigen Verfahren neu präpariert werden.
Der inerte, unpolare Stickstoff hingegen reagiert weder mit Cäsium noch hat er einen depolarisierenden Einfluss auf ³He. Zur Verringerung der Kontamination durch Atmosphärengase wird beim beim Wechseln der ³He-Transportzelle ein kontinuierlicher Stickstoffstrom durch das Öffnen der Ventile V6 und V7 erzeugt. Dieser Gasstrom baut innerhalb der ³He-Leitungen eine Schutzatmosphäre auf und verhindert das Eindringen von Atmosphärengasen über die unterbrochene Anschlussstelle in das System hinein. Bevor die ³He-Transportzelle geöffnet werden kann, werden die ³He-führenden Leitungen evakuiert und damit auch der Stickstoff entfernt.

4.5 Das Applikator-Steuerprogramm

Alle Funktionen des Applikators, d.h. die Beatmung, die ³He-Applikation, der ³He-Transfer aus der ³He-Zelle in den ³He-Zwischenspeicher und die Reinigung der ³He-führenden Leitungen werden über einen PC von einer Software gesteuert, die in der Programmiersprache LabVIEW 7.2 geschrieben ist. Sowohl die Ansteuerung der Ventile V1 bis V7 bzw. deren jeweiliges Vorsteuerventil und die elektronischen Druckregler (R1, R2) als auch das Auslesen aller Sensorsignale (Drucksensoren M1 bis M4, Lichtschranke) erfolgt über eine in den PC eingebaute Multifunktionskarte von National Instruments. Die jeweiligen Vorsteuerventile

4.5. DAS APPLIKATOR-STEUERPROGRAMM

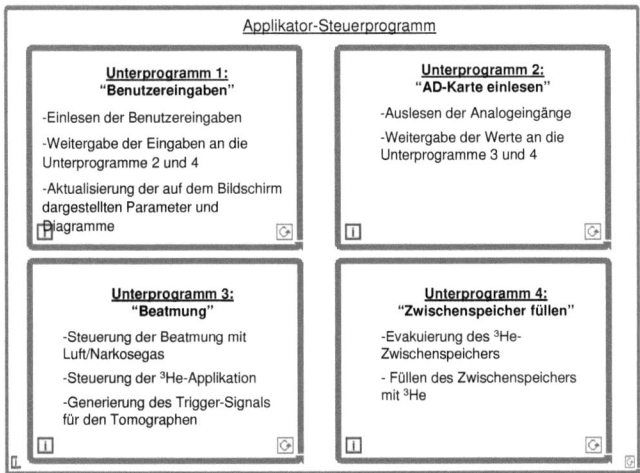

Abbildung 4.4: Aufbau des Applikator-Steuerprogramms
Das Applikator-Steuerprogramm besteht aus vier eigenständigen Unterprogrammen, die parallel abgearbeitet werden und in der Abbildung durch vier Blöcke symbolisiert sind. Die Unterprogramme übernehmen unterschiedliche Aufgaben. Das Unterprogramm 1 stellt die Schnittstelle zum Benutzer dar, indem es sowohl die Benutzereingaben an die anderen Unterprogramme weiterleitet als auch die Darstellungen auf dem Bildschirm aktualisiert. Das Unterprogramm 2 liest die Analogeingänge der Multifunktionskarte ein und gibt diese Daten an die Unterprogramme weiter. Die gesamte Regelung der Beatmung und der ^{3}He-Applikation wird ausschließlich von Unterprogramm 3 übernommen. Das Befüllen des ^{3}He-Zwischenspeichers übernimmt Unterprogramm 4.

zu V1 bis V7 werden über die digitalen Ausgänge der Karte geschaltet, die Druckregler (R1, R2) werden über analoge Ausgänge geregelt und die Drucksensoren (M1 bis M4) über analoge Eingänge eingelesen.

Die Ratte wird mit einer Atemzyklusdauer von 1 s beatmet. Davon entfallen etwa 0,3 s auf die Inspirationsphase und 0,7 s auf die Exspirationsphase. Damit diese kurzen Beatmungszeiten durch das Beatmungssystem ohne Gefährdung des Tieres realisiert werden können, muss das Steuerprogramm rechtzeitig, zuverlässig und schnell die Sensoren auslesen und die Ventile schalten. Da Microsoft Windows kein Echtzeit-Betriebssystem ist und die Rechtzeitigkeit (d.h. die rechtzeitige Systemreaktion) nicht gewährleistet ist, wurde eine Multifunktionskarte mit Echtzeiterfassung ausgewählt (National Instruments NI PCI-7041/6040E). Auf dieser Multifunktionskarte befindet sich ein zweiter, vom PC unabhängiger Prozessor. Dieser Prozessor arbeitet das Beatmungsprogramm eigenständig ab, d.h. die Multifunktionskarte und

nicht der Rechner übernimmt die Steuerung des Beatmungssystems. Der PC dient nur als Schnittstelle zwischen dem Steuerprogramm auf der Karte und dem Anwender.
Da zu jeder Zeit, auch wenn das Beatmungsprogramm mit dem Befüllen des ^{3}He-Zwischenspeichers beschäftigt ist, die Beatmung des Tieres sichergestellt werden muss, wurde das Beatmungsprogramm auf der Karte aus vier eigenständigen Unterprogrammen zusammengesetzt. Diese Unterprogramme übernehmen verschiedene Aufgaben und laufen parallel zueinander ab. In Abbildung 4.4 ist die Programmstruktur mit den einzelnen Unterprogrammen dargestellt. Alle Parameter, die der Anwender über die PC-Tastatur frei setzen kann, werden vom Unterprogramm 1 „Benutzereingaben" in das Steuerungsprogramm eingelesen. Im Unterprogramm 2 „AD-Karte einlesen" werden dagegen die Analogeingänge der Multifunktionskarte, an denen die Drucksensoren M1 bis M4 und die Lichtschranke angeschlossen sind, eingelesen. Das Unterprogramm 3 „Beatmung" ist sowohl für die kontinuierliche Beatmung des Tieres mit Luft als auch für die ^{3}He-Applikation zuständig. Es schaltet die für die Beatmung und ^{3}He-Applikation notwendigen Ventile entsprechend den Vorgaben des Anwenders. Schließlich kann über das Unterprogramm 4 „Zwischenspeicher füllen" der ^{3}He-Zwischenspeicher aus der ^{3}He-Speicherzelle gefüllt werden.
Zwei unterschiedliche Steuerprogramme wurden für den Applikatorbetrieb geschrieben: Ein zeitgesteuertes und ein volumengesteuertes Beatmungsprogramm. Beide Programme verfügen über einen identischen Aufbau und unterscheiden sich im Wesentlichen nur durch das Unterprogramm 3 „Beatmung". Das erste Steuerprogramm regelt die Beatmung volumenkontrolliert, d.h. es schaltet von Inspiration auf Exspiration genau dann, wenn ein definiertes Sollvolumen appliziert wurde. Im Gegensatz dazu schaltet das zweite Programm die Atemventile zeitgesteuert nach festen, vom Benutzer vorgegebenen Zeitpunkten, d.h. unabhängig vom applizierten Volumen und vom erreichten Atemdruck.
Das volumengesteuerte Programm ist besonders benutzerfreundlich. Nach Eingabe des zu applizierenden Volumens (in der Regel zwischen 1 ml und 5 ml) regelt die Anlage selbständig und kontinuierlich das Atemvolumen auf diesen vom Benutzer vorgegebenen Wert. Bei der zeitgesteuerten Beatmung dagegen muss der Anwender die Zeitpunkte für das Öffnen und Schließen der Beatmungsventile am Atemblock (V1, V2 und V5) selbst setzen. Dem Benutzer obliegt die Aufgabe, für eine ausreichende Versorgung des Tieres mit Luft bzw. ^{3}He zu sorgen. Das Beatmungssystem überlässt ihm einerseits die komplette Einstellung und gibt dem Benutzer andererseits aber auch die Freiheit, das Beatmungsmuster nach seinen Vorstellungen zu gestalten und an die experimentellen Anforderungen individuell anzupassen. Im Folgenden werden sowohl die volumen- als auch die zeitgesteuerte Beatmung vorgestellt.

4.5.1 Das volumengesteuerte Beatmungsprogramm

Unter einer volumengesteuerten Beatmung versteht man den Wechsel von der Inspirationsphase zur Exspirationphase nach Erreichen eines vorgegebenen Atemzugvolumens, unabhängig von der Atemdauer und vom erreichten Atemdruck. Um das Atemzugvolumen bestimmen zu können, sind deshalb in den Applikator zwei Flussmesser (F1, F2) eingebaut: Der Flussmesser F2 befindet sich in der Luft/Narkosegaszuführung, der Flussmesser F1 in der ^{3}He-Zuführung zwischen dem ^{3}He-Zwischenspeicher und dem Atemventil. Beide Flussmesser bestehen aus einem kurzen Leitungsstück mit einem verengten Quer-

4.5. DAS APPLIKATOR-STEUERPROGRAMM   41

schnitt. Vor und hinter der Verengung nimmt ein Differenzdruckmesser den Druckunterschied auf. Diese Differenz ist, wenn man eine laminare Strömung voraussetzt, proportional zur Strömungsgeschwindigkeit des Gases. Durch eine zeitliche Integration des Differenzdrucksignals kann das geströmte Gasvolumen ermittelt werden. Die Integration wird vom Steuerprogramm numerisch durch Summenbildung durchgeführt. Die Schrittweite beträgt 5 ms. Bei einer Inspirations- und einer Exspirationdauer von jeweils etwa 0,5 s ergibt sich eine zeitliche Auflösung von 1%. Sobald das vorgegebene Atemzugvolumen erreicht ist, beendet das Beatmungssystem die Inspirationsphase, indem es die Ventile (V1 für Luft oder V5 für ^{3}He) im Atemventilblock schließt.

Den Zeitverzug zwischen der Ansteuerung der Ventile durch das Steuerprogramm und dem tatsächlichen Öffnen oder Schließen der Ventile bezeichnet man allgemein als *Schaltzeit* ($\Delta\tau$). Diese Schaltzeit verursacht, dass, nachdem das Sollvolumen erreicht ist und das Steuerprogramm das Atemventil schließt, weiterhin die Gasmenge $\Delta V = j \cdot \Delta t$ (j: Gasstrom) nachströmt und somit das Atemvolumen heraufsetzt. Dominiert wird die Schaltzeit durch drei Prozesse: Die Schaltzeit der elektromagnetischen Vorsteuerventile, die Schaltzeit des Atemventilblocks (V1,V2 und V5) und der Druckaufbau in den pneumatischen Steuerdruckleitung zwischen Ventil und Vorsteuerventil. In einem Vorversuch wurden am Applikatorsystem für unterschiedliche Schlauchlängen und Steuerdrücke die erreichbaren Schaltzeiten gemessen: Es ergaben sich Werte zwischen $\Delta\tau$=30 ms und $\Delta\tau$=50 ms (Anhang A.1.3). Um die Schaltverzögerung $\Delta\tau$ der Ventile zu kompensieren, werden die Ventile in vielen Anwendungen einfach um die Zeit $\Delta\tau$ früher geschaltet. Dazu muss man die Schaltzeiten aller Ventile bestimmen und im Steuerprogramm berücksichtigen. Das Verfahren funktioniert jedoch nur dann zuverlässig, wenn sich die einmal bestimmten Schaltzeiten nicht verändern. Zudem ist zu berücksichtigen, dass bei einer volumengesteuerten Beatmung der exakte Ventil-Schaltzeitpunkt nur bedingt von Bedeutung ist. Entscheidend ist vielmehr das applizierte Volumen, das neben der Ventil-Öffnungsdauer auch vom Gasstrom j des durchströmenden Gases abhängt. Somit wäre für jeden Gastrom eine eigene Zeit $\Delta\tau(j)$ zu bestimmen, um welche das entsprechende Ventil früher zu schalten ist.

Eine wesentlich komfortablere und effektivere Kompensation der Schaltzeiten kann durch einen einfachen Regelkreis geschehen, der in das Programm integriert wird. Die Aufgabe eines Regelkreises ist es, den Istwert y (Ausgangswert) eines Systems (Regelstrecke) möglichst genau und möglichst schnell einem vorgegebenen Sollwert w (Eingangswert) anzugleichen. Über die Stellgröße u wirkt der Regelkreis auf die Regelstrecke und kann den Istwert y manipulieren. In vorgegebenen zeitlichen Abständen vergleicht der Regelkreis immer wieder den aktuellen Istwert y mit dem vorgegebenen Sollwert w. Aus der ermittelten Abweichung (Regelabweichung) berechnet der Regelkreis nach einem Algorithmus eine korrigierte Stellgröße u', und zwar so, dass sich Istwert y und Sollwert w annähern. Ein besonders einfacher Algorithmus wird bei den so genannten P-Reglern verwendet. Sie zeichnen sich dadurch aus, dass die Korrektur der Stellgröße u stets proportional zur gemessenen Regelabweichung ist, d.h. $u' = u - k \cdot (y - w)$, wobei k eine Konstante für den Regelkreis ist. In unserem Fall besteht die Regelstrecke aus all den Bauteilen, die sich zwischen dem Beatmungsprogramm auf der einen Seite und dem zu beatmenden Tier auf der anderen Seite befinden und das applizierte Volumen in irgendeiner Weise beeinflussen können: die Vorsteuerventile, der Luft-Vordruck (M2), der ^{3}He-Vordruck (M3), die pneumatische Steuerdruckleitungen,

der ³He-Zwischenspeicher und das Atemventil. Der Istwert y entspricht dem applizierten Gasvolumen und der Sollwert w dem Atem-Sollvolumen. Der Schließzeitpunkt des Ventils (für Luft: V2, für ³He: V5) ist die Stellgröße u des Regelkreises. Über die Öffnungsdauer des Atemventils kann der Regelkreis das applizierte Volumen vergrößern oder verkleinern.
Der Nachteil dieses Verfahrens besteht darin, dass eine Kompensation der Schaltzeit erst nach dem erstmaligen Durchlaufen des Regelkreises geschieht. Erst dann wird die Stellgröße u auf den optimierten Wert u' gesetzt. Die Konsequenz daraus ist, dass bei der allerersten Gasapplikation das applizierte Volumen i. A. immer oberhalb des Soll-Atemvolumens liegt. Dieser Effekt ist umso stärker, je länger die Schaltverzögerung ist. Das Regelungsverfahren lässt sich darum nur dann einsetzen, wenn im allerersten Beatmungszyklus aufgrund der Schaltverzögerungen keine Gefahr besteht, zu große Gasvolumina zu applizieren und die Lunge zu schädigen. Bei dem vorgestellten Beatmungsgerät betragen die Ventilschaltzeiten max. 50 ms. Vergleicht man diese Zeit mit der Dauer der Inspirationszeit von etwa 0,5 s, so ergibt sich ein relativer Anteil der Schaltzeit an der Ventilöffnungsdauer (V1 bzw. V5) von 10%. Die dadurch zu erwartenden Erhöhung des applizierten Volumens beläuft sich in erster Näherung damit ebenso auf etwa 10%, was für das Tier keine Gefährdung dargstellt. Im Anhang wird in A.1.1 auf das Programm und insbesondere die Benutzeroberfläche näher eingegangen.

4.5.2 Die zeitgesteuerte Beatmung

Bei der zeitgesteuerten Beatmung findet im Gegensatz zur volumengesteuerten Beatmung der Wechsel von Inspiration auf Exspiration an einem vom Benutzer festgelegten festen Zeitpunkt statt. Alle Zeitpunkte, an denen die Ventile V1 bis V7 geschaltet werden oder an dem der Trigger für den Tomographen ausgelöst wird, sind vor Beginn der Beatmung vom Benutzer genau festgelegt: Sie sind zeitlich determiniert. Durch die Schließ- und Öffnungszeiten von Luft-, Helium-, und Exspirationsventil gestaltet der Benutzer sowohl das Beatmungsmuster als auch das applizierte Gasvolumen.
Eine detaillierte Darstellung der Benutzeroberfläche findet sich im Anhang unter A.1.2.

4.6 Die Hardwarekomponenten

Im Folgenden werden die wichtigsten Hardwarekomponenten des Applikatorsystems dargestellt:

- Der Steuerrechner, der mit einer Multifunktionskarte mit Echtzeiterfassung (National Instruments, PCI-7041/6040E) bestückt ist. Diese Karte übernimmt die komplette Steuerung des Applikators.

- Die Kunststoffventile V1 bis V7, die an den Stellen angebracht sind, an denen aufgrund eines hohen Magnetfeldes oder eines Kontaktes mit ³He der Einsatz von Standardventilen nicht möglich ist.

4.6. DIE HARDWAREKOMPONENTEN

- Die Vorsteuerventile (Festo MYH-5/2-M5-L-LED), die außerhalb des Tomographenraumes platziert sind, und welche die Kunststoffventile V1 bis V7 über eine Druckleitungen ansteuern.

- Die manuellen Druckregler und Druckmanometer, über die der Steuerdruck eingestellt und abgelesen werden kann (Festo LR-1/8-G7).

- Die elektronischen Feindruckregler (SI-Spezial Nr. 1495, 0 bis 350 mbar). Sie regeln den Beatmungs-Vordruck (Abbildung 4.3: M3 und M2).

- Der Drucksensor (PCM-0350GFP, Fa. Sensor Technics), der sich direkt am Endotrachealtubus am Tier im Tomographen befindet. Dieser Drucksensor ist frei von ferromagnetischen Materialien und darum für den Einsatz in dem Bereich hoher Magnetfeldstärken geeignet.

- Die Flussmesser, mit deren Hilfe sowohl die applizierte Luft als auch die applizierte ^{3}He-Menge bestimmt werden. Sie bestehen aus einer 3 cm langen Leitung mit einem verengten Querschnitt. An Leitungsanfang und am Leitungsende sitzt jeweils ein Drucksensor (R&S Best.-Nr. 286-686). Nach dem Bernoulli'schen Gesetz ist dann für den Fall einer laminaren Strömung der Gasfluss proportional zur Druckdifferenz der beiden Drucksensoren. Aus der zeitlichen Integration des so gemessenen Gasflusses $j(t)$ erzielt man das geflossene Gasvolumen.

- Die ^{3}He-Transportzelle, in der das Gas zum Messort transportiert wird und auch für die Dauer der Messungen aufbewahrt wird.

- Die μ-Metall-Abschirmbox, in der die ^{3}He-Transportzelle für die Zeit der Messung gelagert wird.

- Der ^{3}He-Zwischenspeicher, der nur die Gasmenge für eine ^{3}He-Aufnahme fasst. In den Zwischenspeicher wird das Gas kurz vor einer NMR-Aufnahme gefüllt.

- Der PE-Kapillarschlauch, der als ^{3}He-Transferleitung zwischen ^{3}He-Zelle und Zwischenspeicher eingesetzt wird.

Im Folgenden wird auf die wichtigsten, nicht standardmäßigen Komponenten detailliert eingegangen. Sie wurden eigens für diesen Applikator entwickelt. Weitere Komponenten sind im Anhang unter A.1.3 beschrieben.

4.6.1 Die ^{3}He-Transferleitung

Die ^{3}He-Speicherzelle wird in einem Abstand von zwei bis drei Metern vom Tomographenmittelpunkt platziert. Als ^{3}He-Transferleitung von der ^{3}He-Speicherzelle bis zum ^{3}He-Zwischenspeicher wird ein Kunststoff-Kapillarschlauch mit einem Durchmesser von rund 1 mm eingesetzt. So kann einerseits das Totvolumen der ^{3}He-Transferleitung gering gehalten werden. Andererseits ist der Strömungswiderstand der ^{3}He-Transferleitung ausreichend gering und gewährleistet beim Füllen des ^{3}He-Zwischenspeichers einen genügend hohen ^{3}He-Fluss.

44   KAPITEL 4. DIE APPLIKATION VON ^{3}HE

Um den optimalen Schlauchdurchmesser zu ermitteln wurden in einem Vorversuch die maximal erreichbaren He-Flüsse in PE-Kapillarschläuchen mit den beiden Durchmessern 0,8 mm bzw. 1,0 mm getestet. In Tabelle 4.1 sind die Ergebnisse dargestellt. Mit beiden Kapil-

Druck	0,8 mm			1,0 mm		
	Fluss	Füllzeit	Verweilzeit	Fluss	Füllzeit	Verweilzeit
2 bar	54 ml/s	0,7 s	30 ms	126 ml/s	0,3 s	20 ms
1,5 bar	36 ml/s	1,1 s	40 ms	66 ml/s	0,6 s	40 ms
1 bar	14 ml/s	2,9 s	100 ms	43 ml/s	0,9 s	60 ms
0,5 bar	4 ml/s	9,5 s	400 ms	12 ml/s	3,3 s	200 ms
Kapillarvolumen	1,5 ml			2,5 ml		

Tabelle 4.1: ^{4}He-Fluss durch die Kunststoff-Kapillarschläuche

In obiger Tabelle sind die ermittelten Helium-Flüsse durch zwei unterschiedliche jeweils drei Meter lange Kapillarschläuche (0,8 mm und 1,0 mm Innendurchmesser) aus PE dargestellt. Die Füllzeit gibt an, in welcher Zeit das Volumen des ^{3}He-Zwischenspeichers (40 cm^3) erreicht ist. Die Verweilzeit gibt die Zeitdauer an, wie lange sich das ^{3}He-Gas beim Durchströmen im Schlauch aufhält. Die Messungen wurden aus Kostengründen mit ^{4}He anstelle von ^{3}He durchgeführt. Die Durchflussgeschwindigkeit ist bei vergleichbaren Bedingungen für ^{3}He größer als für ^{4}He, so dass die Werte als obere Grenzen anzusehen sind.

larschläuchen lässt sich der ^{3}He-Zwischenspeicher auch selbst bei geringen He-Drücken noch innerhalb weniger Sekunden füllen. Allerdings machen sich bei Drücken von weniger als 1 bar die unterschiedlichen Füllzeiten deutlich bemerkbar (10 s bei $D = 0,8 mm$ im vgl. zu 3 Sekunden bei $D = 1,0 mm$). Da einerseits das Totvolumen der 1,0 mm Kapillare nur um 1 ml größer ist als das Totvolumen der 0,8 mm Kapillare, andererseits aber deutlich kürzere Füllzeiten erreicht werden können, fiel die Wahl auf den 1,0 mm dünnen Kapillarschlauch. Aus den unterschiedlichen Standardmaterialien für Kapillarschläuche wurde in einem weiteren Vorversuch jeweils ein 2 m langer Kapillarschlauch aus den Standardmaterialien Silikon (Innendurchmesser ID = 1 mm, Wandstärke WS = 1 mm), PE (ID=1 mm, WS =0,4 mm), PVC (ID=1 mm, WS =0,4 mm) und Teflon (ID=0,8 mm, WS =0,4 mm) mit polarisiertem ^{3}He gefüllt und in einem Tomographen die T_1-Relaxationszeit bestimmt. Die ermittelten T_1-Zeiten sind in der Tabelle 4.2 dargestellt. Da sich das ^{3}He beim Durchströmen der ^{3}He-Transferleitung nur wenige Sekunden im Schlauch aufhält, eignen sich - mit Ausnahme des Silikons - alle Materialien. Für den Applikator wurde ein Polyethylen-Kapillarschlauch ausgewählt, da er mit $T_1 = 650\ s$ die längste Relaxationszeit aufweist.

4.6.2 Der ^{3}He-Zwischenspeicher

Der ^{3}He-Zwischenspeicher dient als intermediärer Speicher der ^{3}He-Applikation und befindet sich - um die Totvolumina und die Polarisationsverluste zu minimieren - im magnetisch homogenen Zentrum des Tomographen in der Nähe des Tieres. Er ist mit der ^{3}He-Transportzelle und mit dem Atemventilblock verbunden. Der Zwischenspeicher hat ein

4.6. DIE HARDWAREKOMPONENTEN

Material	Durchmesser	Länge	T_1-Zeit (gemessen)	T_1-Zeit bezogen auf d=1,0 mm
Silikon	1 mm	2 m	75 s	
PE	1 mm	2 m	650 s	
PVC	1 mm	2 m	500 s	
Teflon	0,8 mm	2 m	300 s	470 s

Tabelle 4.2: Relaxationszeiten unterschiedlicher Kapillarschlauchmaterialien

Die Kapillarschläuche wurden in einem Tomographen mit hp-^{3}He bei einem Absolutdruck von 1 bar gefüllt. Aus der zeitlichen Abnahme des NMR-Signals wurde die Relaxationszeit ermittelt. Da neben dem Material auch das Oberflächen-zu-Volumen-Verhältnis (O/V) des Kapillarschlauches Einfluss auf die gemessene Relaxationszeit (T_1) hat ($T_1 \sim (O/V)^{-1}$), ist in der 5. Spalte die T_1-Zeit des Teflon-Schlauchs auf einen Durchmesser von 1,0 mm normiert.

Volumen von etwa 40 ml, das für die Applikation von mehreren Atemzugvolumina ^{3}He ausreicht. In Abb. 4.5 ist der Zwischenspeicher in einer Querschnittszeichnung dargestellt. Er besteht aus einem ^{3}He-Balg in einem abgedichteten Gehäuse und einer Lichtschranke. Ist der Balg mit ^{3}He gefüllt, dann unterbricht er die Lichtschranke. Der Raum zwischen Balg und Gehäuse ist mit ^{4}He gefüllt, dessen Druck zwischen 0 mbar und 100 mbar über einen elektrischen Druckregler eingestellt werden kann. Die Ansteuerung des Druckreglers geschieht über das Steuerprogramm des Beatmungsgerätes. Der ^{3}He-Balg, in dem das Gas gespeichert wird, besteht aus einer heliumdichten, schweißbaren Aluminium-Verbundfolie (A 30/4, Nawrot GmbH). Zwei quadratisch zugeschnittene Folienhälften mit einer Kantenlänge von 10 cm werden übereinander gelegt und anschließend mit einem Folienschweißgerät (Polystar 100 GE) verschweißt. Der so gefertigte ^{3}He-Balg hat ein Füllvolumen von rund 40 ml. Die Relaxationszeit im gefüllten Zustand beträgt von $T_1 = (62 \pm 10)$ min.
Vor jeder ^{3}He-Applikation wird das ^{3}He aus der ^{3}He-Transportzelle über die ^{3}He-Transferleitung frisch in den Balg gefüllt. Somit steht das Gas nur wenige Sekunden im Balg und die gemessene Relaxationszeit von 62 min ist ausreichend. Zur Bestimmung der Relaxationszeit wurde der ^{3}He-Balg in ein NMR-Messfeld gebracht und mit polarisiertem ^{3}He gefüllt (eine detaillierte Beschreibung des NMR-Messfeldes und des Messprinzips findet sich in [Wol00]). Um den atmosphärischen Sauerstoff zu entfernen, wurde zunächst der ^{3}He-Balg vor der Messung mehrfach evakuiert und mit reinem Stickstoff gespült. Schließlich wurde der ^{3}He-Balg mit polarisiertem ^{3}He gefüllt. In äquidistanten Abständen erfolgte eine kleine NMR-Anregung des ^{3}He im Balg. Die dadurch induzierten NMR-Signalamplituden wurden aufgezeichnet. Aus der zeitlichen Abnahme der NMR-Signalamplituden erhält man die Relaxationszeit T_1.

4.6.3 Der ^{3}He-Vorratsspeicher

Aus Platzgründen kann die ^{3}He-Speicherzelle nicht innerhalb des Tomographen gelagert werden. Im Streufeld des Tomographen ist die Homogenität des Magnetfeldes für eine längere

46   KAPITEL 4. DIE APPLIKATION VON ³HE

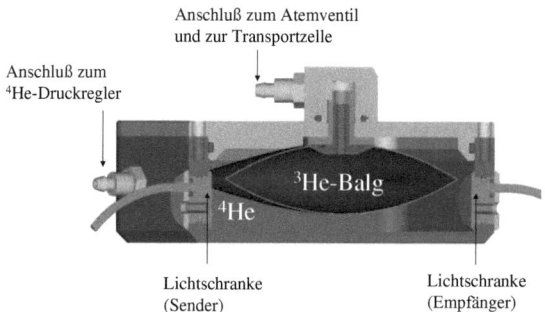

Abbildung 4.5: Der ³He-Zwischenspeicher im Querschnitt
Der ³He-Zwischenspeicher besteht aus einem Balg, der aus Aluminium-Verbundfolie gefertigt ist. Er ist in ein Kunststoffgehäuse eingesetzt und von einer ⁴He-Atmosphäre mit einem Überdruck bis zu 100 mbar umgeben. Im ³He-Balg wird das ³He für die Applikation gespeichert. Den Füllvorgang des Balges überwacht eine Lichtschranke.

Lagerung der ³He-Speicherzelle ohne merkliche Polarisationsverluste nicht möglich. In Abbildung 4.6 ist der Magnetfeldverlauf (B_z) entlang der magnetischen Symmetrieachse am 4,7 T-Tomographen dargestellt. Die hohen Gradienten verursachen im Außenbereich eine magnetfeldbedingte Relaxationszeit von weniger als 1 Stunde bei einem ³He-Druck von 1 bar. Beim Einsatz des Applikators muss das ³He bis zu 12 h in der ³He-Transportzelle am Ort der Anwendung (also am Tomographen) gespeichert werden, ohne bedeutend an Polarisation zu verlieren. Darum ist eine Verbesserung der Magnetfeldhomogenität im Lagerbereich der Zelle notwendig. Dafür bieten sich zwei Lösungsansätze an:

1. Eine Homogenisierung des Streufeldbereiches durch magnetische Spulen.

2. Abschirmung des Streufeldes und Aufbau eines homogenen Führungsfeldes mit Hilfe einer abgeschlossenen magnetischen Abschirmung aus μ-Metall und einem Solenoiden im Inneren.

Der Einsatz von Spulen zur Magnetfeldkorrektur scheint auf den ersten Blick die günstigere und einfachere Lösung zu sein. So ist beispielsweise die Positionierung der ³He-Speicherzelle, der Anschluss an die ³He-Transferleitung und das Herausführen der ³He-Transferleitung bei einem offenen Spulenaufbau sicherlich leichter als bei einer nach allen Seiten abgeschlossenen μ-Metall-Abschirmung. Die Spulenkonstruktion kann zudem nahe an den Tomographen herangestellt werden und so die Länge der ³He-Transferleitung kurz gehalten werden.

4.6. DIE HARDWAREKOMPONENTEN

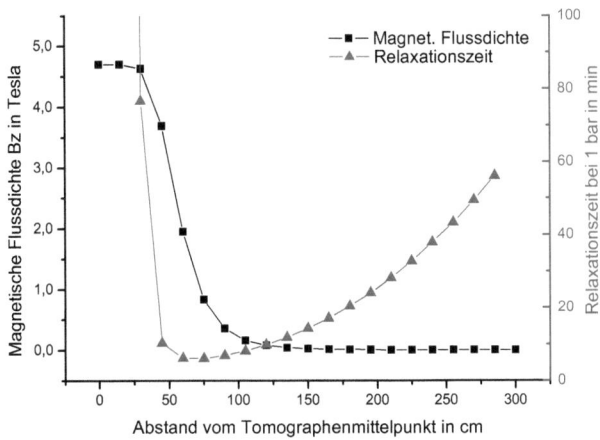

Abbildung 4.6: Magnetfeldverlauf und Relaxationszeiten an einem Hochfeldtomographen
Das Diagramm zeigt als Beispiel eines Hochfeld-Tomographen den ausgemessenen Feldverlauf des 47/40 USR Biospin Tomographen (4,7 T) von Bruker und die sich aus den Gradienten ergebenden Relaxationszeiten für ^{3}He bei einem Druck von 1 bar. Die kurzen Relaxationszeiten von weniger als einer Stunde lassen außerhalb des Tomographen keine Langzeitspeicherung des ^{3}He zu.

Wie in Kapitel 4.2.2 bereits ausgeführt, erfahren ferromagnetische Materialien in einem magnetischen Feld eine Kraft in Richtung größerer magnetischer Flussdichte $\vec{B}$. Da in der Umgebung von Tomographen besonders hohe magnetische Gradienten herrschen, verbieten deshalb sicherheitstechnische Aspekte dort den Einsatz von ferromagnetischen Materialien. Ein sicherer Betrieb der μ-Metall-Abschirmbox ist daher nur bei einem möglichst großen Abstand vom Tomographen und somit bei einer langen ^{3}He-Transferleitung möglich. Gegen den Einsatz von magnetischen Spulen zur Magnetfeldkorrektur und für den Einsatz einer μ-Metall-Abschirmbox spricht die räumliche Flexibilität der Abschirmbox. Unter der Voraussetzung, dass die dort herrschende magnetische Flussdichte nur wenige Millitesla beträgt, kann die magnetische Abschirmung an jeder Position im Streufeld betrieben werden. Ebenso kann ein und dieselbe magnetische Abschirmung ohne Änderungen an verschiedenen Tomographen mit unterschiedlichen Feldstärken problemlos betrieben werden. Eine Homogenisierung des Magnetfeldes durch eine oder mehrere magnetische Korrekturspulen hingegen ist *orts- und feldstärkegebunden*. Dass heißt, die Spulengeometrie und der Spulenstrom sind daraufhin optimiert, den magnetischen Gradienten genau an einer vorgesehenen Stelle zu kompensieren. Sie kann nicht ohne weiteres an einem anderen Ort im Streufeld oder an einem anderen Tomographen betrieben werden. Da unser Beatmungssystem an verschieden Tomographen zum Einsatz kommen soll, haben wird uns für die Verwendung von einer μ-Metall-Abschirmbox anstelle von Korrekturspulen entschieden.

Der Aufbau der μ-Metall-Abschirmbox

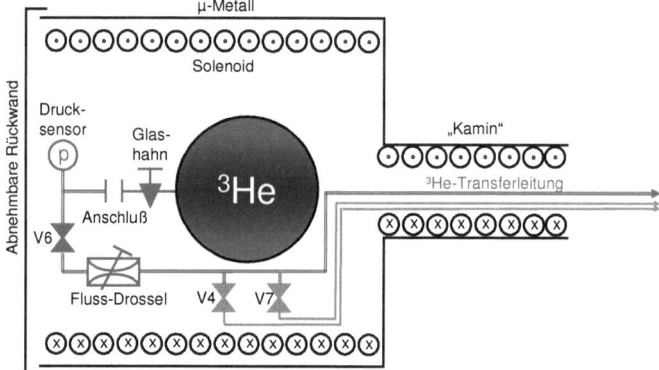

Abbildung 4.7: Schematische Darstellung der μ-Metall-Abschirmbox

Die Aufgabe der μ-Metall-Abschirmbox besteht darin, im inhomogenen Streufeld des Tomographen einen für die ^{3}He-Speicherzelle ausreichenden magnetisch homogenen Bereich zu schaffen. Das erreicht die μ-Metall-Abschirmbox einerseits durch eine große Abschirmung des Tomographen-Streufeldes in ihrem Innern, andererseits erzeugt ein Solenoid im Inneren ein homogenes Magnetfeld. In Abbildung 4.7 ist der schematische Aufbau der μ-Metall-Abschirmbox skizziert. Die würfelförmige Kiste aus μ-Metall mit einer abnehmbaren Rückseite hat eine Kantenlänge von 40 cm und eine Wandstärke von 2 mm. In dieser Box wird die ^{3}He-Speicherzelle gelagert. Ein Solenoid im Inneren (Cu-Drahtdurchmesser 1 mm) erzeugt das für die ^{3}He-Lagerung notwendige homogene magnetische Führungsfeld. In der μ-Metall-Abschirmbox sind drei pneumatisch gesteuerte Ventile (V4,V6 und V7), eine Drossel zur Regulierung des ^{3}He-Flusses und ein Drucksensor (p) untergebracht. Über das Ventil V4 kann die ^{3}He-Transferleitung evakuiert und zusätzlich über Ventil V7 mit reinem Stickstoff gespült werden (siehe Kapitel 4.4.4). Die ^{3}He-Speicherzelle wird an der Anschlussstelle mit der ^{3}He-Transferleitung verbunden. Wenn die ^{3}He-Zelle angeschlossen ist und die eingeschlossene Luft zwischen der Anschlussstelle und Ventile V6 entfernt ist, kann der Glashahn

4.6. DIE HARDWAREKOMPONENTEN

der ^{3}He-Speicherzelle manuell geöffnet werden. Sofort strömt das ^{3}He aus der Zelle, bis es schließlich von Ventil V6 gestoppt wird. Über das pneumatische gesteuerte Sperrventil V6 wird die Gasentnahme aus der ^{3}He-Speicherzelle gesteuert.
Auf der Stirnfläche der μ-Metall-Abschirmbox ist ein Zylinder („Kamin") aus μ-Metall mit einer Wandstärke von 2 mm und einem Durchmesser von 6 cm angebracht. Dieser 15 cm lange Zylinder, auf dessen Innenseite ein Solenoid (Cu-Drahtdurchmesser: 1 mm) gewickelt ist, hat die Aufgabe, die ^{3}He-Transferleitung, die pneumatischen Steuerdruckleitungen und die elektrischen Leitungen des Drucksensors (p) aus der μ-Metall-Abschirmbox herauszuführen.

Magnetische Abschirmung und Homogenisierung

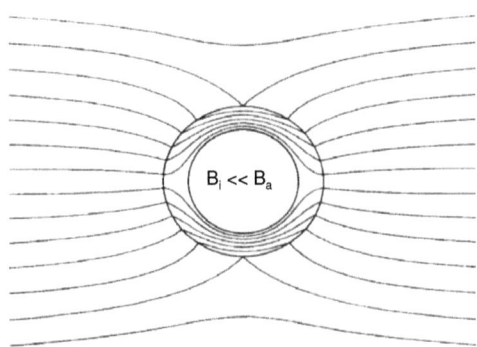

Abbildung 4.8: Abschirmwirkung eines Metallzylinders mit hoher Permeabilität μ
Dargestellt ist hier die magnetische Abschirmwirkung eines Zylinders, der aus einem Material mit einer hohen magnetischen Permeabilität gefertigt ist. Die magnetische Flussdichte B_i im Inneren ist deutlich kleiner als die Flussdichte B_a außerhalb des Zylinders, solange das Material nicht in magnetischer Sättigung ist. Die Abbildung wurde [Vac88] entnommen.

Die magnetische Abschirmwirkung der μ-Metall-Abschirmbox beruht auf der Verwendung eines Materials mit einer sehr hohen magnetischen Permeabilität μ. Das von uns verwendete μ-Metall ist eine Weicheisenlegierung mit einer besonders hohen Permeabilität von $\mu = 70000$ [Vac88]. Die Permeabilität lässt sich als magnetische Leitfähigkeit verstehen. Ist die magnetische Leitfähigkeit groß, dann werden alle magnetischen Feldlinien, die auf die Oberfläche auftreffen, vollständig vom Material aufgenommen und parallel zur Oberfläche geleitet. Ein Gehäuse aus Weicheisen mit einer großen Permeabilität μ lässt darum keine Feldlinien eines äußeren Magnetfeldes in den umschlossenen Innenraum eintreten und schirmt magnetische Felder besonders gut ab. In Abbildung 4.8 ist die abschirmende Wirkung am Beispiel eines Zylinders mit $\mu \to \infty$ gezeigt. Die B-Feldlinien des Außenbereiches treffen senkrecht auf die Oberfläche, werden gebrochen und dann parallel zur Oberfläche im Material geführt, so dass der Innenbereich völlig feldfrei bleibt. Ebenso wie die Abschirmwirkung beruht auch die Homogenisierung der μ-Metall-Abschirmbox auf der hohen Permeabilität des μ-Metalls. Da auch die Feldlinien des vom Solenoiden erzeugten Magnetfeldes senkrecht auf die Stirnfläche und die Rückwand auftreffen, wirken beide Flächen wie ein magnetischer Spiegel. Dadurch wird der Solenoid scheinbar unendlich ausgedehnt (für $\mu \to \infty$) und das Magnetfeld wird homogenisiert. Wie in Abbildung 4.7 skizziert wird das magnetischen Führungsfeld in der μ-Metall-Abschirmbox von zwei Solenoiden aufgebaut. Der große Solenoid sorgt für das homogene magnetische Führungsfeld im Inneren der μ-Metall-Abschirmbox. Der kleine Solenoid baut ein Führungsfeld innerhalb des Abschirmzylinders („Kamin") auf, durch den das ^{3}He über die ^{3}He-Transferleitung herausgeleitet wird. Der große Solenoid besteht aus einem Kunststoffrohr mit einem Durchmesser von 30 cm und einer Länge von 40 cm. Auf dieses Rohr ist ein 1,1 mm starker Kupferdraht bündig gewickelt. Die große und die kleine Spule haben dieselbe Wicklungsdichte und sind in Reihe geschaltet, damit sie mit der gleichen Stromstärke I durchflossen werden. Bei einer Wicklungsdichte von $n = \frac{1}{1{,}1\ mm} = 909 \cdot \frac{1}{mm}$ ergibt sich für beide Spulen eine Magnetfeldstärke von 11,4 G pro Amperé Spulenstrom. Wie bei allen ferromagnetischen Stoffen so ist auch die Permeabilität von μ-Metall von der magnetischen Feldstärke H abhängig. Bei Feldstärken im Bereich von 0 bis 10 A/m nimmt sie Werte bis zu μ=70000 an. Bei sehr hohen Feldstärken wird das Material magnetisch gesättigt und die Permeabilität μ strebt im Grenzfall $H \to \infty$ gegen $\mu = 1$. In diesem Grenzfall würde die μ-Metall-Abschirmbox sowohl ihre abschirmende als auch ihre homogenisierende Wirkung vollständig verlieren. Also muss darauf geachtet werden, dass die magnetische Flussdichte B im μ-Metall deutlich unterhalb der magnetischen Sättigungsflussdichte B_S liegt. Für μ-Metall beträgt die Sättigungsflussdichte B_S 0,8 T [Vac88].

Folgende Überlegungen sollen die maximale magnetische Flussdichte B im μ-Metall abschätzen: Der gesamte magnetische Fluss B_0, der auf die Stirnfläche A_S der Abschirmbox auftrifft, wird gleichmäßig über die vier Querschnittsflächen A_Q der Seitenteile weitergeleitet. Da die Querschnittsflächen A_Q der Seitenteile zusammen deutlich kleiner sind als die Stirnfläche A_S, der magnetische Fluss $\Phi = B \cdot A$ aber erhalten bleibt, ist in den Seitenteilen die magnetische Flussdichte größer als auf der Stirnfläche. So erhöht sich die Flussdichte B_Q in den Seitenteilen entsprechend zu

$$B_Q = B_0 \cdot \frac{A_S}{4 \cdot A_Q} = B_0 \cdot \frac{4 \cdot 40 \cdot 0{,}2\ cm^2}{40 \cdot 40\ cm^2} = 50 \cdot B_0 \quad . \tag{4.1}$$

So führt selbst eine stirnseitige Flussdichte $B_0 = 30\ G$ zu einer Flussdichte B_Q in den Seitenteilen von $B_Q = 0{,}15\ T$, die noch deutlich unterhalb der Sättigungsflussdichte von $B_S = 0{,}8\ T$ liegt.

In einem letzten Schritt wurde die μ-Metall-Abschirmbox an einen Hochfeld-Tomographen gebracht, etwa 3 m vom Tomographenmittelpunkt entfernt, wobei die Stirnseite der μ-Metall-Abschirmbox in die Richtung des Tomographen zeigte (siehe Abbildung 4.9). Das

4.6. DIE HARDWAREKOMPONENTEN 51

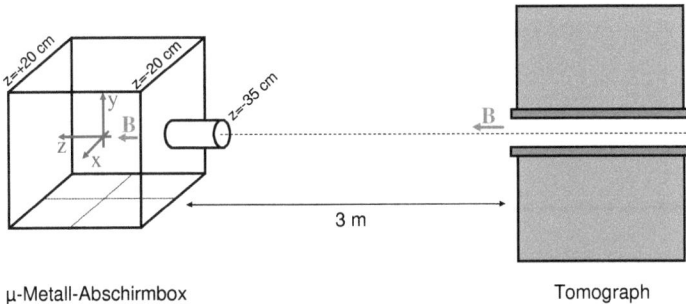

μ-Metall-Abschirmbox   Tomograph

Abbildung 4.9: Position der μ-Metall-Abschirmbox am Tomographen
Zum Ausmessen des Magnetfeldes im Inneren der μ-Metall-Abschirmbox wurde die Box in einer Entfernung von 3 m vom Tomographen aufgestellt. Die Stirnfläche zeigt in Richtung des Tomographen, und die Magnetfelder vom Tomographen und vom Solenoiden waren gleichgerichtet. Die Koordinatenangaben beziehen sich auf ein Koordinatensystem, das im Mittelpunkt der μ-Metall-Abschirmbox sitzt.

Ausmessen des Magnetfeldes im Inneren der μ-Metall-Abschirmbox wurde mit Hilfe eines sensitiven 10 G Sättigungskernmagnetometers (Förstersonde) der Firma Bartington Instruments durchgeführt. Mit Hilfe einer in Eigenentwicklung gebauten Verschiebevorrichtung konnte die Position der Förstersonde im Inneren der Box geändert werden, ohne den rückseitigen Deckel öffnen zu müssen. Das Feld des Solenoiden während der Messung betrug 8,5 G bei einem Spulenstrom von $I = 0,8\,A$. Nach Gleichung 2.5 ist für das Relaxationsverhalten von ^{3}He in Magnetfeldern der relative Gradient $\frac{1}{B}\vec{\nabla}B_z$ verantwortlich. In Abbildung 4.6.3 ist dieser Gradientenverlauf im Inneren der μ-Metall-Abschirmbox in einem Abstand von -4 cm bis +6 cm um den Mittelpunkt der Abschirmbox dargestellt. Dieser Bereich ist für die Lagerung der ^{3}He-Transportzelle vorgesehen. Bei der gewählten Führungsfeldstärke von 8,5 G ist der relative magnetischen Gradient $\frac{1}{B}\vec{\nabla}B_z$ geringer als 0,1% pro cm. Bei ^{3}He-Drücken in der ^{3}He-Transportzelle zwischen 1 bar (abs.) und 3 bar (abs.) entspricht das einer Gradienten-bedingten Relaxationszeit von 150 h (bei 1 bar abs.) bzw. 440 h (bei 3 bar abs.). Die vorgesehenen Lagerzeiten der ^{3}He-Speicherzelle betragen weniger als 12 h und so ist die erreichte magnetische Homogenität völlig ausreichend.

In Abb. 4.6.3 ist der B_z-Verlauf entlang der z-Achse beginnend an der Rückwand der

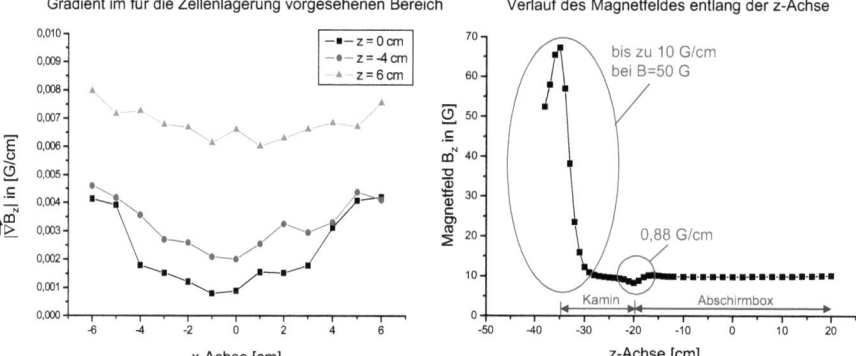

Abbildung 4.10: Magnetfeld- und Gradientenverlauf in der μ-Metall-Abschirmbox
(Die Koordinatenangaben beziehen sich auf die Abbildung 4.9) Im linken Diagramm ist der Gradientenverlauf in der x-y-Ebene innerhalb der Abschirmbox dargestellt. Repräsentativ für das gesamte Magnetfeld sind die Werte entlang der x-Achse an den Stellen z= 0cm, -4 cm und 6 cm aufgetragen. Dieser Bereich ist für die Lagerung der ^{3}He-Speicherzelle vorgesehen und weist einen Gradienten von weniger als 0,01 G/cm auf. Bei einer Feldstärke von etwa 9 G entspricht das einer relativen Homogenität von weniger als 0,1 %/cm. Im rechten Diagramm ist der Feldverlauf auf der z-Achse innerhalb der Abschirmbox von der Rückwand (+20 cm) bis zur Austrittsöffnung am Abschirmzylinder (-35 cm) gezeigt.

μ-Metall-Abschirmbox bis zur Austrittsöffnung am Zylinder („Kamin"') dargestellt. Zwei Positionen mit besonders erhöhten Gradientenwerten fallen ins Auge. Zum einen beträgt der Gradient in der Nähe des Übergangs zwischen dem großen und kleinen Solenoiden rund 0,88 G/cm bei einem Führungsfeld von B_z=8 G. Zum anderen herrscht an der Austrittsöffnung des Zylinders entlang einer Strecke etwa 10 cm ein Gradient um 10 G/cm, wobei das Hauptfeld 50 G beträgt. Schätzt man die zu erwartenden Relaxationszeiten auch mit Gleichung 2.5 ab, so ergeben sich daraus Relaxationszeiten von 20 s [1].
In diesem, für die Polarisation des ^{3}He kritischen Bereich verläuft die ^{3}He-Transferleitung. Die in der Tabelle 4.1 dokumentierten Gasflüsse zeigen, dass selbst bei einem Druck von

---

[1] Die Formel 2.5 ist streng genommen nur für quasihomogene Felder mit kleinen Gradienten $\frac{1}{B}\vec{\nabla}B_z \ll 1/cm$ gültig.

4.6. DIE HARDWAREKOMPONENTEN 53

0,5 bar die Verweildauer des ^{3}He in der 3 m langen Kapillarleitung (Innendurchmesser 1,0 mm) nur 200 ms beträgt. Daraus ergibt sich, dass sich das ^{3}He in dem 10 cm langen, für die Polarisation kritischen Bereich nur

$$\Delta t = \frac{10\ cm}{300} \cdot 200\ ms = 6,7\ ms \qquad (4.2)$$

aufhält. Dieses Ergebnis entspricht gerade einmal 1/3000 der abgeschätzten T_1-Zeit von 20 s und ist damit unkritisch.

4.6.4 Bestimmung der Polarisationsverluste am Applikator

Ein entscheidendes Kriterium für die Funktionalität des Applikators ist die definierte ^{3}He-Applikation ohne einen nennenswerte Polarisationsverlust. In diesem Abschnitt werden Untersuchungen vorgestellt, die der Quantifizierung der Polarisationverluste beim Betrieb unseres Applikators dienten. Grundlage dieser Untersuchungen ist die Messung relativer Polarisationsunterschiede, die im Gegensatz zur absoluten Polarisationsbestimmung in einem Tomographen auf eine einfache und sehr genaue Art und Weise möglich ist. Durch gezielte Variation einzelner Parameter der Applikatoreinheit (z.B. Verweildauer des ^{3}He in der Transferleitung zwischen der ^{3}He-Speicherzelle und dem ^{3}He-Atemventil) und anschließendem Vergleich mit einem Referenzwert ist der Einfluß des variierten Parameters auf Polarisationsverluste messbar. In dieser Versuchsreihe wird in dem Tomographen anstelle eines Tieres eine Glaszelle mit einem Volumen von 50 cm^3 gebracht. Die Glaszelle ist an das Atemventil des Applikators angeschlossen und kann über eine Pumpe evakuiert werden, ohne aus dem Tomographen herausgenommen werden zu müssen. Über die ^{3}He-Transferleitung, den ^{3}He-Balg und den Atemventilblock strömt das Gas beim Befüllen in die evakuierten ^{3}He-Phantomzelle hinein. Ist die ^{3}He-Phantomzelle auf einen Druck von etwa 1 bar gefüllt, dann wird der Befüllvorgang abgebrochen und es erfolgt eine MR-Anregung der ^{3}He-Phantomzelle. Die Signalstärke S des FID ist dabei proportional zum Polarisationsgrad P und zum Zellendruck p

$$S \sim p \cdot P \quad . \qquad (4.3)$$

Der Aufnahme mit der Signalstärke S_1 wird eine zweite Aufnahme mit der Signalstärke S_2 gegenübergestellt. Bei der zweiten Aufnahme wurde ein Parameter geändert, beispielsweise die ^{3}He-Strömungsgeschwindigkeit durch die Transferleitung, während alle anderen Parameter unverändert blieben. Über die drucknormierte *Signalintensität* I

$$I = \frac{S}{p} \sim P \qquad (4.4)$$

(S: Signalstärke, p: Druck in der Testzelle, P: ^{3}He-Polarisation in der Zelle), wird der relative Polarisationsverlust ΔP_{rel}

$$\Delta P_{rel} = \frac{P_2 - P_1}{P_1} = \frac{I_2 - I_1}{I_1} \qquad (4.5)$$

ermittelt und damit der Einfluß dieses Parameters auf den Polarisationstransfer. Zur Anregung der ³He-Probe wurde ein breiter, resonanter HF-Impuls mit einer Dauer von 50 µs verwendet und das induzierte NMR-Signal aufgenommen. Da keine Bildgebungsgradienten geschaltet werden, erhält man als Signal einen einfachen Free Induction Decay (FID, Abbildung 5.2). Durch eine Fast-Fourier-Transformation, die mittels der Tomographensoftware durchgeführt wird, erhält man das Frequenzspektrum mit einem Maximalwert bei der Larmorfrequenz ω_L. Die Signalstärke S der Aufnahme ergibt sich schließlich aus der Integration des Frequenzspektrums im Bereich dieses Maximums. Um Aufnahmen mit unterschiedlichen ³He-Phantomzellendrücken zu vergleichen, wurde das Signal S anschließend durch den Gasdruck p in der Phantomzelle dividiert und man erhält die *drucknormierte Signalintensität* I. Damit die Signalintensitäten aller Aufnahmen miteinander vergleichbar sind, wurden bei allen Aufnahmen die Sequenzparameter identisch beibehalten.

Reproduzierbarkeit der Messmethode

Zuerst wurde die Reproduzierbarkeit der Messmethode überprüft, wobei eine Standardabweichung σ von wenigen Prozent des Mittelwertes gefordert wird. Dazu wurden jeweils in einem zeitlichen Abstand von 1 Minute insgesamt 9 mal die ³He-Phantomzelle im Tomographen evakuiert, über den Applikator mit ³He gefüllt und die drucknormierte Signalintensität I bestimmt. Aus den 9 Einzelmessungen ergab sich der Mittelwert $\langle I \rangle = 9,6\ \frac{a.u.}{bar}$ mit einer Standardabweichung von $0,14\ \frac{a.u.}{bar}$. Die Standardabweichung entspricht $1,5\%$ des Mittelwertes und damit erfüllt das Verfahren unsere Anforderungen an die Reproduzierbarkeit.

Die Relaxationszeit $T_{1,M}$ der Abschirmbox

In der magnetischen Abschirmbox überlagern sich einerseits das Magnetfeld des Solenoiden und andererseits das vom µ-Metall abgeschwächte Feld des Tomographen zu einem Gesamtfeld $\vec{B}_{Box}$, wobei die Homogenität von $\vec{B}_{Box}$ die Lagerung der ³He-Speicherzellen für mehrere Stunden ohne nennenswerten Polarisationsverlust gewährleisten muß. Zur Abschätzung der magnetfeldbedingten Relaxationszeit in der Abschirmbox wurde die ³He-Phantomzelle an zwei Zeitpunkten t_0 und $t_1 = t_0 + 12\ h$ mit frischem ³He aus der Speicherzelle gefüllt und jeweils die drucknormierte Signalintensität der ³He-Phantomzelle bestimmt. Zwischen diesen beiden Messungen wurden keinerlei Veränderungen am Applikator vorgenommen. Als drucknormierte Signalstärken ergaben sich $I(t_0) = (9,7 \pm 0,10)\ \frac{a.u.}{bar}$ und $I(t_1) = (9,3 \pm 0,13)\ \frac{a.u.}{bar}$. Die beobachtete Signalabnahme entspricht einer Gesamtrelaxationszeit T_{Total} von $T_{Total} = 270\ h$. Der ³He-Speicherzellendruck betrug $p = 1,9\ bar$, was einer dipolaren Relaxationszeit von $T_{1,D} = 430\ h$ entspricht, und die Wandrelaxationszeit $T_{1,W}$ der verwendeten ³He-Speicherzelle war $T_{1,W} = 300\ h$. So ergibt sich eine magnetfeldbedingte Relaxationszeit in der Abschirmbox von $T_{1,M} = 500\ h$.

Relaxationsverluste beim Einbau der ³He-Zelle in den Applikator

Ein kritischer Augenblick während des Betriebs des Applikators ist die Entnahme der ³He-Transportzelle aus der Transportdose und der Einbau der ³He-Transportzelle in die Abschirmbox. Dieser Vorgang sollte möglichst rasch ablaufen, da in der Transportbox und

4.6. DIE HARDWAREKOMPONENTEN

der Speicherbox durch das Öffnen des Deckels die magnetische Homogenität sinkt. Zur Bestimmung der durch das Öffnen entstehenden Polarisationsverluste wurde zuerst die drucknormierte Signalintensität einer bereits in den Applikator eingebauten ^{3}He-Transportzelle bestimmt ($I(t_1) = (24, 4 \pm 0, 2) \frac{a.u.}{bar}$). Anschließend wurde die Rückseite der Abschirmbox geöffnet, die ^{3}He-Zelle ausgebaut, in die geöffnete Transportdose gelegt und die Transportdose verschlossen. Nach einer Wartezeit von einer Minute wurde die Transportdose wieder geöffnet, die ^{3}He-Zelle herausgenommen, in den Applikator eingebaut, die Rückseite des Applikators geschlossen und erneut die drucknormierte Signalintensität bestimmt ($I(t_1) = (22, 5 \pm 0, 2) \frac{a.u.}{bar}$). Der auf diese Weise ermittelte Polarisationstransfer T_P mit

$$T_P = = \frac{22,5}{24,4}$$
$$= 0,92 \qquad (4.6)$$

setzt sich zusammen aus einerseits dem Polarisationstransfer ($T_P^{(e)}$) beim Ausbau der Zelle aus der Abschirmbox und dem Einbau der Zelle in die Transportbox und andererseits aus dem Polarisationstransfer ($T_P^{(a)}$), der bei der Entnahme der Zelle aus der Transportbox und Wiedereinbau der Zelle in die Abschirmbox beobachtet wird:

$$T_P = T_P^{(e)} \cdot T_P^{(a)} = \frac{I(t_1)}{I(t_0)} \quad . \qquad (4.7)$$

Unter der Annahme, dass $T_P^{(e)}$ und $T_P^{(a)}$ identisch sind, ergibt sich ein Polarisationstransfer von jeweils

$$T_P^{(e)} = T_P^{(a)} = \sqrt{\frac{I(t_1)}{I(t_0)}} = 0,96 \quad , \qquad (4.8)$$

d.h. der Polarisationsverlust P_V bei der Entnahme der Zelle aus der Transportbox und Einbau der Zelle in die Abschirmbox beträgt insgesamt $P_V = 4\%$. Dieses Ergebnis stimmt mit der Untersuchung in [Sch04] überein. Dort wurden Polarisationsverluste beim Be- und Entladen der ^{3}He-Speicherzelle aus und in die Transportbox jeweils zwischen 1% und 2% beobachtet.

Polarisationsverluste in der geöffneten Abschirmbox

In der Transferleitung, eingebaut zwischen der ^{3}He-Zelle und dem Atemventil, befindet sich in der Abschirmbox eine manuelle Flussdrossel, die den ^{3}He-Gasfluß reduziert und das Bersten des ^{3}He-Balges im Applikator beim Befüllen verhindert. Da durch jede ^{3}He-Applikation der verbleibende ^{3}He-Druck in der ^{3}He-Speicherzelle sinkt und damit der ^{3}He-Gasfluß durch die ^{3}He-Transferleitung hindurch nicht zum Erliegen kommt, muß ab einem ^{3}He-Speicherzellendruck von etwa $p = 1, 5 \ bar$ durch eine manuelle Öffnung der Drossel der Strömungswiderstand gesenkt werden. Dazu muß der Anwender die Rückwand der Abschirmbox öffnen und in die Abschirmbox hineingreifen. Für knapp 10 Sekunden, die zum Schalten der Drossel benötigt werden, ist die Rückwand geöffnet und die gute magnetischhomogenisierende Wirkung der Abschirmbox ist nicht gegeben. Magnetfeldgradienten in der Box können die ³He-Polarisation zerstören. Zur Bestimmung der Polarisationsverluste der ³He-Zelle wurde auch hier die Phantomzelle zu zwei Zeitpunkten t_0 und t_1 mit ³He gefüllt und die drucknormierte Signalintensität zu diesen Zeitpunkten bestimmt. Während der Dauer $\Delta t = t_1 - t_0$ von 60 s wurde der Deckel auf der Rückseite geöffnet. Es ergaben sich folgende drucknormierte Signalintensitäten:

$$I(t_0) = (9,3 \pm 0,1) \frac{a.u.}{bar} \quad (4.9)$$

$$I(t_0 + 60s) = (9,0 \pm 0,2) \frac{a.u.}{bar} \quad , \quad (4.10)$$

d.h. innerhalb der Öffnungszeit von 60 s ist die Polarisation in der ³He-Speicherzelle um 3,2% gefallen. Bei einer Öffnungszeit von 10 Sekunden ergibt sich entsprechend ein Polarisationsverlust von $0,5\%$.

Relaxationsverluste beim Durchströmen der ³He-Transportleitung

Über eine 1 mm dünne und 3 m lange Kunststoffkapillare strömt das ³He aus der ³He-Speicherzelle durch den "Kamin"der Abschirmbox und das magnetischen Streufeld des Tomographen in den Tomographen hinein. Die Verweildauer des Gases in der Kapillare beträgt nur wenige Sekunden. Bei einer Wandrelaxationszeit des eingesetzten PE-Kapillarschlauches von 650 s liefert dieser Relaxationsprozeß bei den gesamten Polarisationsverlusten nur einen untergeordneten Beitrag. Als weitere Ursache für Polarisationsverluste sind Relaxationsprozesse aufgrund hoher Magnetfeldgradienten entlang der Transferleitung, gerade im Bereich des Kamins zu sehen. Um quantitative Angaben über die beim Durchströmen der Transferleitung auftretenden Polarisationsverluste machen zu können, wurde in einer Messreihe die Verweildauer des ³He in der Transferleitung variiert und anschließend die drucknormierte Signalintensität bestimmt. Aus der Abnahme der drucknormierten Signalintensität bei zunehmender Verweildauer in der Transferleitung wird auf die Polarisationsverluste beim Durchströmen der Transferleitung zurückgeschlossen.

Sei V_K das Volumen des Kapillarschlauches und $\dot{V}$ der Gasvolumenfluss durch die Kapillare, dann beträgt die Verweildauer τ des Gases in der Kapillare

$$\tau = \frac{V_K}{\dot{V}} \quad .$$

Bei einem zu füllenden Volumen $V_{Ph} = 50\ ml$ und einer Füllzeit T ergibt sich so eine mittlere Verweildauer $\langle \tau \rangle$ des Gases in der Transferleitung von

$$<\tau> = \frac{V_K}{V_{Ph}} \cdot T \quad , \quad (4.11)$$

die nur proportional zur Fülldauer T und zum Verhältnis des Leitungsvolumen V_K zu Füllvolumen V_{Ph} ist. Die drucknormierte Signalintensität I wurde bei einer Füllzeit von $T = 9s$ und $T = 43s$ bestimmt, die einer mittleren Verweildauer in der Transferleitung von $\langle \tau \rangle = 0,5s$ und von $\langle \tau \rangle = 2,5s$ entsprechen:

$$I(\langle \tau \rangle = 0,5s) = (10,1 \pm 0,2) \frac{a.u.}{bar}$$

$$I(\langle \tau \rangle = 2,5s) = (9,3 \pm 0,2) \frac{a.u.}{bar} \quad .$$

4.6. DIE HARDWAREKOMPONENTEN

Setzt man einer exponentiellen Abnahme der Polarisation in Abhängigkeit von der mittleren Verweildauer des Gases in der Transferleitung voraus, dann läßt sich aus den beiden Datenpunkten eine T_1-Relaxationszeit in der Transferleitung von $T_1 = 24\ s$ abschätzen. Während des Betriebes ist die Flussdrossel so eingestellt, dass eine Füllzeit $T < 3s$ angestrebt wird und es ergibt sich ein Polarisationsverlust von $< 1\%$.

Betrachtung der Gesamtverluste

Entscheidend für den ^{3}He-Polarisationsverlust insgesamt, der bei der ^{3}He-Applikation auftritt, sind folgende Beiträge:

- Einbau der Transportzelle : $V^{(e)} = 2\ \%$
- Durchströmen der Transferleitung : $V_L = 1\ \%$
- Justage der Drossel : $V_O = 0,5\ \%$.

Alles zusammen führt zu einem Gesamtverlust P_V^{Total} von

$$\begin{aligned} P_V^{Total} &= 1 - (1 - V^{(e)}) \cdot (1 - V_L) \cdot (1 - V_O) \\ &= 3,5\ \% \quad . \end{aligned}$$

Bedingt durch den Transport von Mainz nach Biberach dauert es rund 16 h, die zwischen dem Füllen der ^{3}He-Transportzelle und den ersten ^{3}He-Messungen am Tomographen vergehen. Gemessen an den transport- und lagerungsbedingten Polarisationsverlusten von nahezu 22 % (Gleichung 2.9) sind die durch den Applikator bedingten Polarisationsverluste von 3,5 % zu vernachlässigen.

Kapitel 5

Die Magnetresonanztomographie (MRT)

Die Magnetresonanztomographie (MRT) ist ein bildgebendes Verfahren zur Darstellung des Körperinneren in Form von Körperschnittbildern und basiert auf dem Kernspinresonanzeffekt. Seit Beginn der 1980er Jahre stehen die ersten Magnetresonanztomographen für Ganzkörperaufnahmen des Menschen für den klinischen Einsatz zur Verfügung. Mittlerweile gehört die MRT zu einem der Standardverfahren der radiologischen Diagnostik. Der große Vorteil der Magnetresonanztomographie gegenüber den anderen radiologischen Standardbildgebungsverfahren wie beispielsweise die Computertomographie (CT), die Szintigraphie (SZ) oder das klassische Röntgenverfahren besteht darin, dass bei der MRT der Patient keinerlei ionisierender Strahlung ausgesetzt wird. Die Signalquelle ist in der MRT das magnetische Moment $\vec{\mu}$ des Atomkerns , welches aus dem Kernspin $\vec{I}$ hervorgeht. Die Signalhöhe hängt dabei in erster Linie vom magnetischen Moment, vom Vorkommen des betrachteten Isotopes im Körper sowie von der Höhe der Kernspinpolarisation ab. Nicht alle Isotope weisen einen Kernspin auf oder kommen im Körper in einer ausreichend großen Menge vor, um ein zufriedenstellendes MRT-Signal zu generieren. Das am häufigsten im menschlichen Körper vorkommende Element ist Wasserstoff und es tritt fast ausschließlich als Isotop ^{1}H auf. ^{1}H besitzt einen Kernspin $I = \frac{1}{2}$ und die mittlere Dichte von $6,7 \cdot 10^{22}$ Atomen pro 1 cm^3 im Gewebe ist für die MRT-Aufnahmen des Körperinneren ausreichend. Die ^{1}H-MRT (auch Protonen-MRT genannt) trifft überall dort an ihre Grenzen, wo dazu im Vgl. deutlich weniger Wasserstoffatome pro Körpervolumen anzutreffen sind. Dazu gehören die Lunge und die Atemwege (Trachea, Bronchien und Alveolen), bei denen es sich in erster Linie um luftgefüllte Hohlräume handelt. Der Einsatz von kernspinpolarisiertem ^{3}He überwindet diese Einschränkung. Die Idee hinter diesem neuen Ansatz beruht auf der Verwendung von einem hyperpolarisierten Gas (hier ^{3}He) als Signalquelle, das der Patient zum Zeitpunkt der MRT-Messung einatmet. Dieses Gas wurde zuvor durch optisches Pumpen hyperpolarisiert (Kapitel 2). Die geringe Dichte des gasförmigen ^{3}He von $O(10^{19})$ Atomen pro 1 cm^3 in der Lunge wird durch den ausserordentlich hohen Kernspinpolarisationsgrad kompensiert, so dass sich am Ende eine mit der Protonen-MRT vergleichbare Signalstärke ergibt. Da ^{3}He ein chemisch inertes und für den Menschen unschädliches Edelgas ist, sind

5.1. PHYSIKALISCHE GRUNDLAGEN DER MRT

keine Nebenwirkungen für den Patienten zu erwarten.
In diesem Kapitel werden ausgehend von der ^1H-MRT die physikalischen Grundlagen der MRT erläutert. Im zweiten Schritt wird die 2d-Radialsequenz *COMSPIRA* vorgestellt, mit der im Rahmen dieser Dissertation gearbeitet wurde. Schließlich wird die diffusionsgewichtete Bildgebung erläutert, mit der Untersuchungen der Lungenfeinstruktur durchgeführt wurden.

5.1 Physikalische Grundlagen der MRT

5.1.1 Kernspin und Magnetisierung

Die physikalische Grundlage der MRT ist der *Kernspinresonanzeffekt*, der bei allen Isotopen auftritt, die über einen Kernspin $\vec{I} \neq \vec{0}$ verfügen. Der Kernspin $\vec{I}$ ist eine quantenmechanische Eigenschaft des Atomkerns und kommt ausschließlich bei solchen Isotopen vor, die eine ungerade Protonen- oder Neutronenzahl haben. Die Komponenten des Kernspinoperators $\hat{I}_x$, $\hat{I}_y$ und $\hat{I}_z$ erfüllen die Kommutatorrelationen eines Drehimpulses

$$[\hat{I}_x, \hat{I}_y] = i\hbar \hat{I}_z \qquad (5.1)$$
$$[\hat{I}_y, \hat{I}_z] = i\hbar \hat{I}_x$$
$$[\hat{I}_z, \hat{I}_x] = i\hbar \hat{I}_y \quad .$$

Darum interpretiert man den Kernspin als einen Drehimpuls. Aus den Gleichungen in 5.1 folgt noch eine weitere zentrale Eigenschaft des Kernspins: Da die einzelnen Kommutatorenausdrücke $\neq 0$ sind, ist es unmöglich, mehr als eine Komponente des Kernspinoperators zeitgleich exakt zu messen (*Heisenbergsche Unschärferelation*). Allerdings zeigt eine kurze Rechnung, dass das Quadrat des Kernspinoperators

$$\left(\vec{\hat{I}}\right)^2 = \hat{I}^2$$

mit jeder beliebigen Komponenten des Kernspinoperators kommutiert, d.h.

$$[\hat{I}^2, I_i] = 0, \quad i \in \{x, y, z\} \quad .$$

Darum kann sowohl eine Raumkomponete des Kernspins als auch zusätzlich der Betrag des Kernspins zeitgleich beliebig genau bestimmt werden. Zudem haben beide Operatoren einen gemeinsamen Satz an Eigenzuständen. Im weiteren seien die beiden kommutierenden Operatoren $\hat{I}_z$ und $\hat{I}^2$ betrachtet, deren gemeinsame Eigenzustände über die Eigenwertgleichung

$$\hat{I}^2 |I, m_I\rangle = \hbar^2 I(I+1) |I, m_I\rangle \qquad (5.2)$$
$$\hat{I}_z |I, m_I\rangle = \hbar m_I |I, m_I\rangle \qquad (5.3)$$

definiert seien. $|I, m_I\rangle$ bezeichnet den gemeinsamen Eigenzustand von $\hat{I}_z$ und $\hat{I}^2$ mit den Eigenwerten I und m_I. Der Skalar I drückt den Betrag des Kernspins aus und m_I die Projektion des Kernspins entlang der z-Achse. Aus (5.1), (5.2) und (5.3) lassen sich algebraisch zwei wichtige Eigenschaften der Eigenwerte I und m_I ableiten. Zum einem sind für I nur ganzzahlige oder halbzahlige positive Zahlenwerte möglich, d.h.

$$I \in \{0, \frac{1}{2}, 1, \frac{3}{2}, 2, \ldots\} \;. \tag{5.4}$$

Diese Eigenschaft des Kernspins wird als die *Quantisierung des Kernspins* bezeichnet und I als die *Kernspinquantenzahl*. Zum anderen kann bei gegebener Kernspinquantenzahl I der Eigenwert m_I nur die Werte

$$m_I \in \{I, -(I-1), \ldots, (I-1), I\} \;. \tag{5.5}$$

annehmen. In Anlehnung an (5.4) wird diese Eigenschaft *Richtungsquantisierung* genannt. Mit dem Kernspin I ist ein magnetisches Moment $\vec{\mu}$ verbunden, das proportional zum Kernspin I ist:

$$\vec{\mu} = \gamma \cdot \vec{I} \;. \tag{5.6}$$

Die Proportionalitätskonstante γ ist das gyromagnetisches Verhältnis und eine für jeden Atomkern charakteristische Größe. In Tabelle 5.1 sind für einige Isotope die Kernspinquantenzahl I und das gyromagnetische Verhältnis angegeben. Befindet sich der Atomkern in

Kern	Spin-Quantenzahl I	γ [MHz/T]
^1H	$\frac{1}{2}$	267,5
^4He	0	0
^3He	$\frac{1}{2}$	-203,8
^{13}C	$\frac{1}{2}$	67,3

Tabelle 5.1: Kernspinquantenzahl I und gyromagnetisches Verhältnis γ

einem magnetfelfeldfreien Raum, so ist die Orientierung der magnetischen Momente und damit auch die Orientierung des Kernspins beliebig. Wird der Kern hingegen in ein äußeres Magnetfeld $\vec{B}$

$$\vec{B} = B_z \cdot \hat{e}_z \;, \tag{5.7}$$

gebracht, dann erfährt er ein Drehmoment und richtet sich im Magnetfeld $\vec{B}$ aus. Im Gegensatz zu einem makroskopischen magnetischen Dipolmoment, das sich beliebig zum B-Feld orientieren kann, gibt es für das magnetische Kernmoment nur eine diskrete Anzahl an möglichen Orientierungen. Diese ergeben sich als Eigenwerte des Hamiltonoperators $\hat{H}$:

$$\hat{H} = -\hat{\vec{\mu}} \cdot \vec{B} = -\gamma \hat{\vec{I}} \cdot \vec{B} \;. \tag{5.8}$$

Unter der Annahme (5.7) vereinfacht sich dieser Ausdruck zu

$$\hat{H} = -\gamma \, \hat{I}_z \cdot B_z \;. \tag{5.9}$$

5.1. PHYSIKALISCHE GRUNDLAGEN DER MRT

Der Hamilton-Operator $\hat{H}$ lässt sich jetzt als ein Vielfaches des Drehimpulsoperatos I_z ausdrücken. So entsprechen die Energieeigenzustände E_I des Hamiltonoperators $\hat{H}$ den Eigenzuständen des Drehimpulsoperators $\hat{I}_z$ aus der Gleichung 5.3

$$\begin{aligned}\hat{H}\,|I,m_I\rangle &= E_I\,|I,m_I\rangle \\ &= -\gamma B_z \hat{I}_z\,|I,m_I\rangle \\ &= -\gamma B_z \hbar m_I\,|I,m_I\rangle \quad.\end{aligned} \qquad (5.10)$$

Für ^{1}H oder ^{3}He ergeben sich entsprechend ihres Kernspins $I = \frac{1}{2}$ nur die beiden Energiezustände und Orientierungen

$$|\,\tfrac{1}{2},\,+\tfrac{1}{2}\,\rangle \quad \text{und} \quad |\,\tfrac{1}{2},\,-\tfrac{1}{2}\,\rangle \qquad (5.11)$$

mit den dazugehörenden Energieeigenwerten

$$+\tfrac{1}{2}\,\gamma \hbar B_z \quad \text{und} \quad -\tfrac{1}{2}\,\gamma \hbar B_z \quad. \qquad (5.12)$$

Die Aufspaltung der Zustände $|I,m_I\rangle$ in einem äußeren Magnetfeld wird nach ihrem Entdecker *Zeemann-Aufspaltung* genannt. In Abbildung 5.1 ist sie für den ^{3}He-Kern dargestellt. Für die beiden Zustände $|\,\tfrac{1}{2},+\tfrac{1}{2}\rangle$ und $|\,\tfrac{1}{2},-\tfrac{1}{2}\rangle$ werden auch oft als Synonyme die Bezeichnungen „Spin up" und „Spin down" verwendet. Zwischen diesen beiden Zeeman-Niveaus können Übergänge induziert werden, indem entweder ein Photon absorbiert oder emittiert wird, dessen Energie $\hbar\omega_L$ gerade der Energiedifferenz der beiden Zeeman-Niveaus entspricht

$$\Delta E = \hbar\omega_L = \hbar\gamma B_z \quad. \qquad (5.13)$$

Diese Photonenfrequenz ω_L heißt *Larmorfrequenz* ω_L. In einem Ensemble von Kernen wer-

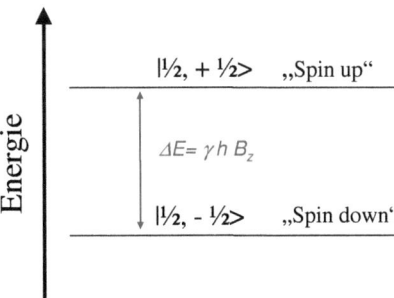

Abbildung 5.1: Energetische Aufspaltung der $|\,\tfrac{1}{2},+\tfrac{1}{2}\rangle$ und $|\,\tfrac{1}{2},-\tfrac{1}{2}\rangle$ Kernspin-Zustände bei ^{3}He in einem magnetischen Feld B (Zeeman-Aufspaltung)

den die einzelnen Zeeman-Niveaus unterschiedlich stark besetzt. Die Besetzungszahlen N_{m_I}, d.h. die Anzahl der Kerne im Zeeman-Zustand m_I, folgen im thermischen Gleichgewicht bei einer Temperatur T der Boltzmann-Statistik gemäß

$$\begin{aligned}\frac{N_{m_I}}{N_{m_I-1}} &= \exp\left(-\frac{\Delta E}{k_B T}\right) \\ &= \exp\left(-\frac{\gamma \hbar B_z}{k_B T}\right) \quad .\end{aligned} \quad (5.14)$$

Bei einer Zimmertemperatur von 30° C beträgt die thermische Energie

$$E = k_B T = \frac{1}{40} \, eV = 2,5 \cdot 10^{-2} eV \quad , \quad (5.15)$$

während die Zeeman-Aufspaltung für Protonen und ^{3}He selbst in Magnetfeldern der Größenordnung O$\sim$1 T noch um $10^{-6} eV$ liegt und damit gerade einmal $\frac{1}{10.000}$ der thermischen Energie entspricht. Die Exponentialfunktion aus (5.14) kann in diesem Fall durch den Ausdruck

$$\frac{N_{m_I}}{N_{m_I-1}} \approx 1 - \frac{\hbar \gamma B_z}{k_B T} \quad (5.16)$$

angenähert werden. Eine wichtige Größe zur Charakterisierung des Besetzungszahlenungleichgewichts der Zeemanzustände ist der Kernspinpolarisationsgrad P:

$$P = \frac{\sum\limits_{m_I=-I}^{+I} m_I \cdot N_{m_I}}{I \sum\limits_{m_I=-I}^{+I} N_{m_I}} \quad . \quad (5.17)$$

Der Wertebereich von P deckt das Zahlenintervall zwischen -1 und +1 ab. Die beiden Extremwerte +1 und -1 werden genau dann angenommen, wenn sich alle Kerne im obersten Zeeman-Niveau mit $m_I = +I$ bzw. im untersten Niveau mit $m_I = -I$ befinden. Sind alle Niveaus gleich stark besetzt, dann ergibt sich ein Polarisationsgrad P=0. Für Spin $\frac{1}{2}$-Systeme existieren nur die beiden Zeemann-Niveaus $m_I = \pm \frac{1}{2}$ und der Ausdruck in (5.17) vereinfacht sich zu

$$P = \frac{N_{+\frac{1}{2}} - N_{-\frac{1}{2}}}{N_{+\frac{1}{2}} + N_{-\frac{1}{2}}} \quad . \quad (5.18)$$

Mit (5.18) und (5.16) lässt sich jetzt für ein Spin $\frac{1}{2}$-Ensemble der Polarisationsgrad im thermischen Gleichgewicht ausdrücken:

$$P \approx \frac{\hbar \gamma B_z}{2 k_B T} \quad . \quad (5.19)$$

Diesen durch die Ensembletemperatur vorgegebenen Polarisationsgrad nennt man *Boltzmann-Polarisation*. Mit einem Polarisationsgrad $P \neq 0$ und dem damit verbundenen Besetzungszahlenungleichgewicht ist ein magnetisches Moment $\vec{\mu}$ entlang $\vec{B}$ verknüpft:

$$\vec{\mu} = (N_{+\frac{1}{2}} + N_{-\frac{1}{2}}) \cdot P \cdot \hbar \gamma m_I \cdot \hat{e}_z \quad . \quad (5.20)$$

5.1. PHYSIKALISCHE GRUNDLAGEN DER MRT

Dieses magnetische Moment $\vec{\mu}$, das sich im thermischen Gleichgewicht einstellt, ist für die weiteren Betrachtungen von zentraler Bedeutung. Eine weitere wichtige Größe neben dem magnetischen Moment $\vec{\mu}$ ist die Magnetisierung $\vec{M}$

$$\vec{M} = \frac{\vec{\mu}}{V}, \tag{5.21}$$

welche das magnetische Moment pro Volumen V angibt.

5.1.2 Induktion des Kernspinresonanzsignal

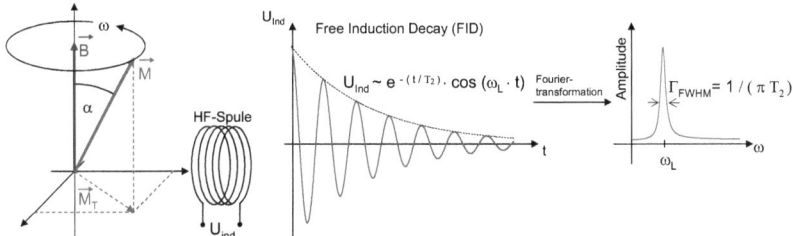

Abbildung 5.2: Free Induction Decay (FID)
Der oszillierende Transversalanteil M_T des Magnetisierungsvektors $\vec{M}$ induziert in der senkrecht zum Führungsfeld befindlichen HF-Spule ein Spannungssignal U_{ind}, dessen zeitlicher Verlauf im mittleren Diagramm dargestellt ist. Das Signal ist zusammengesetzt zum einen aus der Oszillation mit der Larmorfrequenz ω_L und zu anderen aus einem exponentiellen Signalabfall, der durch die Abnahme der Transversalmagnetisierung mit der Zeitkonstanten T_2 (Transversalrelaxation) charakterisiert ist. Das Signal bezeichnet man auch als Free Induction Decay (FID). Aus dem FID erhält man durch eine anschließende Fouriertransformation das Frequenzspektrum.

In einem Magnetfeld $\vec{B}$ erfährt jedes magnetische Moment $\vec{\mu}$ ein Drehmoment $\vec{D}$, das durch

$$\vec{D} = \frac{d}{dt}\vec{I} = \vec{\mu} \times \vec{B} \tag{5.22}$$

gegeben ist. Zusammen mit der Definition von γ aus Gleichung (5.6) und Gleichung (5.21) ergibt sich die Bewegungsgleichung des Magnetisierungsvektors $\vec{M}$ in einem Magnetfeld

$$\dot{\vec{M}} = \gamma \cdot \vec{M} \times \vec{B} \quad . \tag{5.23}$$

Sind die Magnetisierung $\vec{M}$ und das Magnetfeld $\vec{B}$ parallel gerichtet, so gilt $\dot{\vec{M}} = 0$ und es wirkt kein Drehmoment auf den Magnetisierungsvektor, so dass $\vec{M}$ seine ursprüngliche Orientierung beibehält. Ist dagegen $\vec{M}$ gegenüber $\vec{B}$ um einen Winkel α gekippt, so verursacht das resultierende Drehmoment $\vec{D}$ eine Präzessionsbewegung des Magnetisierungsvektors $\vec{M}$

um das Magnetfeld $\vec{B}$ (Abbildung 5.2). $\vec{M}$ beschreibt eine Bahn entlang einer Kegeloberfläche mit dem Öffnungswinkel α und der Drehfrequenz ω_L (*Larmorfrequenz*)

$$\vec{\omega}_L = \gamma \vec{B} \quad . \tag{5.24}$$

Befindet sich senkrecht zum Führungsfeld B_z eine Spule, dann erzeugt die Transversalkomponente $\vec{M}_T$

$$\vec{M}_T = M \sin\alpha \begin{pmatrix} \cos(\omega_L t) \\ \sin(\omega_L t) \\ 0 \end{pmatrix} \tag{5.25}$$

einen zeitlich veränderlichen magnetischen Fluss Φ und induziert dadurch eine Spannung $U_{ind}(t)$, das *Kernspinresonanzsignal*. Nach dem Faradayschen Induktionsgesetz ergibt sich die induzierte Spannung bei einer Spule mit einer Querschnittsfläche $\vec{A}$ und der Wicklungszahl n zu

$$\begin{aligned} U_{ind} &= -n \cdot \frac{d}{dt}\Phi \\ &= -n \cdot \frac{d}{dt}\int \vec{B}\cdot d\vec{A} \\ &\sim -M\cdot\sin\alpha\cdot\omega\cdot\cos(\omega t) \quad . \end{aligned} \tag{5.26}$$

U_{ind} ist proportional zur Larmorfrequenz ω, zum Kippwinkel α und zur Magnetisierung $\vec{M}$. Die Larmorfrequenz ω und die Magnetisierung $\vec{M}$ sind beide linear mit dem Führungsfeld $\vec{B}$ verknüpft, so dass insgesamt das Kernspinresonanzsignal U_{ind} quadratisch mit dem Führungsfeld ansteigt. Um ein für die ^1H-MRT ausreichendes Kernspinresonanzsignal zu erzeugen, sind magnetische Führungsfelder im Bereich von mehreren Tesla im Einsatz, die durch supraleitende Magnete erzeugt werden. Im klinischen Bereich sind Führungsfelder bei 1,5 T gebräuchlich. Dort beträgt die Boltzmannpolarisation bei Protonen $P_B = 5\cdot 10^{-6}$.
Im Diagramm in Abbildung 5.2 ist der typische Verlauf des Kernspinresonanzsignals dargestellt. Relaxationsprozesse, die im nächsten Abschnitt betrachtet werden, sorgen für einen Verlust der Transversalmangetisierung mit der Zeitkonstanten T_2 (Transversalrelaxationszeit), so dass nach einer Zeit $t \gg T_2$ das Kernspinresonanzsignal fast vollständig abgeklungen ist. Im Fourierspektrum erscheint der FID als eine Lorentzkurve mit der Halbwertsbreite Γ, welche mit der Relaxationszeit T_2 durch die Relation

$$\Gamma = \frac{1}{\pi\, T_2} \tag{5.27}$$

verknüpft ist. Das äußere Führungsfeld $\vec{B}_0$ sowie das gyromagnetische Verhältnis γ des Isotopes bestimmen die Larmorfrequenz ω_L des Kernspinresonanzsignals. Die Elektronenhülle, die den Kern umgibt, kann das äußere Magnetfeld B_0 am Ort des Kerns geringfügig um einen Faktor σ auf den Betrag B

$$B = (1-\sigma)B_0 \tag{5.28}$$

5.1. PHYSIKALISCHE GRUNDLAGEN DER MRT

reduzieren und entsprechend die Larmorfrequenz verringern. Die Abschirmkonstante σ hängt charakteristisch vom Isotop und von der chemischen Umgebung ab, in der sich das Istop befindet. Dieser Effekt heißt *chemical shift*. Mit zunehmender Ordnungszahl des Isotops steigt der chemical shift an. Er beträgt bei ^1H, je nach chem. Bindungspartner, bis zu 10^{-5}. Unterschiedliche organische Verbindungen haben ein charakteristisches Larmor-Frequenzsspektrum, welches ein Fingerabdruck der jeweiligen organischen Verbindung ist. Die *NMR-Spektroskopie* nutzt diese charakteristische Eigenschaft zur Strukturaufklärung von organischen Proben.

5.1.3 Aufbau und Abnahme der Transversalmagnetisierung: Anregungs- und Relaxationsprozesse

Im thermischen Gleichgewichtszustand zeigt $\vec{M}$ parallel zum magnetischen Führungsfeld $\vec{B}_0$ und es existiert keine Transversalkomponente $\vec{M}_T$. Um den Magnetisierungsvektor aus seiner Gleichgewichtslage zu verkippen, muss der thermische Gleichgewichtszustand gestört werden. Das geschieht in der MRT, indem das statische magnetische Führungsfeld $\vec{B}_0$ mit einem dazu senkrechten oszillierenden schwachen Magnetfeld $\vec{B}_{hf}(t)$ ($B_1 \ll B_0$)

$$\vec{B}_{hf}(t) = \begin{pmatrix} B_{hf}\cos(\omega_1 t) \\ 0 \\ 0 \end{pmatrix} \tag{5.29}$$

überlagert wird. Dieses in x-Richtung ozillierende Magnetfeld $\vec{B}_{hf}(t)$ kann in zwei gegenläufige Drehfelder $\vec{B}_1^{(r)}(t)$ und $\vec{B}_1^{(nr)}(t)$ zerlegt werden

$$\vec{B}_{hf}(t) = \vec{B}_{hf}^{(r)}(t) + \vec{B}_{hf}^{(nr)}(t) \quad \text{mit}$$

$$\vec{B}_1^{(r)}(t) = \frac{1}{2}B_{hf} \cdot \begin{pmatrix} \cos(\omega_1 t) \\ \sin(\omega_1 t) \\ 0 \end{pmatrix}$$

$$\vec{B}_1^{(nr)}(t) = \frac{1}{2}B_{hf} \cdot \begin{pmatrix} \cos(\omega_1 t) \\ -\sin(\omega_1 t) \\ 0 \end{pmatrix} \quad .$$

Das magnetische Drehfeld $\vec{B}_1^{(r)}(t)$, welches denselben Drehsinn hat wie die Präzessionsbewegung der Spins, wird als *resonante Komponente* bezeichnet. Der gegenläufige Anteil $\vec{B}_1^{(nr)}(t)$ wird entsprechend als *nicht resonante Komponente* bezeichnet. Im Folgenden wird die Wirkung der resonanten Komponente $\vec{B}_1^{(r)}(t) = \vec{B}_1(t)$ des eingestrahlten Magnetfeldes auf die Präzessionsbewegung der Spins betrachtet. Es kann gezeigt werden, dass unter normalen Umständen der Einfluss des nicht resonanten Drehfeldes dabei vernachlässigbar ist [Blo40].
Das magnetische Führungsfeld und das resonante Drehfeld, beide magnetischen Felder überlagern sich zu einem magnetischen Gesamtfeld $\vec{B}(t)$

$$\vec{B}(t) = \vec{B}_0 + \vec{B}_1(t) = \begin{pmatrix} B_1\cos(\omega_1 t) \\ B_1\sin(\omega_1 t) \\ B_0 \end{pmatrix} \quad . \tag{5.30}$$

66 *KAPITEL 5. DIE MAGNETRESONANZTOMOGRAPHIE (MRT)*

Die Bewegung des Magnetisierungsvektors im Gesamtfeld $\vec{B}(t)$ ergibt sich als Lösung von Gleichung (5.23), wobei jetzt das Magnetfeld $\vec{B}(t)$ durch (5.30) beschrieben wird:

$$\frac{dM_x}{dt} = \gamma (M_y B_0 + M_x B_1 \sin\omega_1 t) \qquad (5.31)$$
$$\frac{dM_y}{dt} = \gamma (M_z B_1 \cos\omega_1 t - M_x B_0)$$
$$\frac{dM_z}{dt} = \gamma (-M_x B_1 \sin\omega_1 t - M_y B_1 \cos\omega_1 t)$$

Unter der Annahme, dass sich zum Zeitpunkt $t = 0$ das Spin-Ensemble im thermischen Gleichgewichtszustand $\vec{M}_0$ befindet, lautet die Lösung von (5.31) [Cal91]

$$M_x(t) = M_0 \sin\omega_1 t \sin\omega_0 t \qquad (5.32)$$
$$M_y(t) = M_0 \sin\omega_1 t \cos\omega_0 t$$
$$M_z(t) = M_0 \cos\omega_1 t \quad mit \quad \omega_1 = \gamma|\vec{B}_1| \quad und \quad \omega_0 = \gamma B_0 \qquad (5.33)$$

Das oszillierende Transversalfeld $\vec{B}_1$ führt zu einer zusätzlichen Präzessionsbewegung des Magnetisierungsvektors $\vec{M}$ um $\vec{B}_1$. Die Frequenz ω_1 dieser Präzessionsbewegung beträgt

$$\omega_1 = \gamma|\vec{B}_1| \quad . \qquad (5.34)$$

Wirkt das oszillierende Transversalfeld $\vec{B}_1$ nur für die Dauer τ auf den Magnetisierungsvektor ein, dann kippt der Magnetisierungsvektor um den Winkel α

$$\alpha = \omega_1 \tau = \gamma|\vec{B}_1|\tau \qquad (5.35)$$

aus seiner Gleichgewichtslage $\alpha = 0$. Die Magnetisierung $\vec{M}$ teilt sich auf in einen longitudinalen Anteil $\vec{M}_L$ in Richtung des Führungsfeldes B_0 und einen oszillierenden *transversalen* Anteil $\vec{M}_T$ in der x-y-Ebene senkrecht zu B_0.

$$\vec{M} = \vec{M}_T + \vec{M}_L \qquad (5.36)$$
$$\vec{M}_L = \vec{M}_0 \cdot \cos\alpha \qquad (5.37)$$
$$\vec{M}_T = |\vec{M}_0| \cdot \sin\alpha \begin{pmatrix} \cos(\omega_0 t) \\ \sin(\omega_0 t) \\ 0 \end{pmatrix} \quad . \qquad (5.38)$$

Aus diesem angeregten Zustand streben sowohl die Transversalmagnetisierung $\vec{M}_T$ also auch die Longitudinalmagnetisierung $\vec{M}_L$ zurück in ihren Gleichgewichtszustand, der durch $\vec{M}_T = 0$ und $\vec{M}_L = M_0$ gekennzeichnet ist. Zwei Zeitkonstanten charakterisieren den *Relaxationsprozess*: Die longitundinale Relaxationszeit T_1 und die transversale Relaxationszeit T_2 bzw. T_2^*. Die longitundinale Relaxationszeit T_1 beschreibt die Zeitkonstante, mit der die Longitudinalmagnetisierung M_L in ihren Gleichgewichtszustand strebt. Dafür sind im Detail eine Reihe unterschiedlicher Prozesse mit unterschiedlichen Zeitkonstanten $T_1^{(i)}$ verantwortlich. Folgen diese Relaxationsprozesse einem exponentiellen Verlauf, dann addieren sich diese Einzelprozesse zu einer gesamten longitudinalen Relaxationszeit T_1

$$1/T_1 = 1/T_1^{(1)} + 1/T_1^{(2)} + 1/T_1^{(3)} + \ldots + 1/T_1^{(n)} \quad . \qquad (5.39)$$

5.1. PHYSIKALISCHE GRUNDLAGEN DER MRT

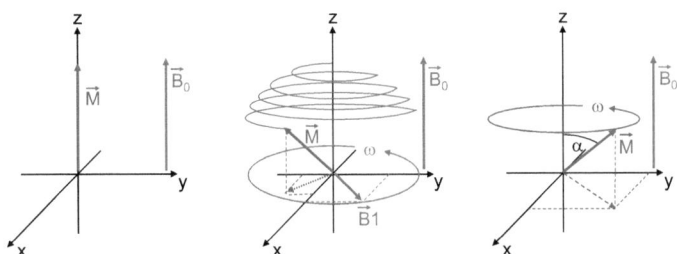

Abbildung 5.3: Auslenkung des Magnetisierungsverktors $\vec{M}$ durch ein rotierendes $\vec{B}_1$-Feld
Zu Beginn sind die Magnetisierung $\vec{M}$ und das Führungsfeld $\vec{B}$ parallel gerichtet (linke Abbildung). Durch Einstrahlen eines oszillierenden transversalen Feldes $\vec{B}_1$ mit der Larmorfrequenz $\omega = \gamma \cdot B_0$ wird der Magnetisierungsvektor $\vec{M}$ aus der Ruhelage gekippt (mittlere Abbildung). Nach Einstrahlung des oszillierenden Feldes bleibt der Magnetisierungsvektor $\vec{M}$ um den Winkel α gegenüber dem Führungsfeld $\vec{B}_0$ versetzt.

Eine Aufstellung und Erläuterung der dominanten T_1-Relaxationsprozesse findet sich im Abschnitt 2.3.
In Analogie zur longitudinalen Relaxationszeit T_1 charakterisiert die transversale Relaxationszeit T_2 die Abnahme der Transversalmagnetisierung $\vec{M}_L$. Auf mikroskopischem Niveau betrachtet ist die Abnahme der Transversalmagnetisierung nichts anderes als ein Verlust an Phasenkohärenz der individuellen Spins im Ensemble. Die Ursachen dafür sind verschiedener Art. Zum einen wird sie verursacht durch die Wechselwirkung der individuellen Spins untereinander *(Spin-Spin-Wechselwirkung)*. Falls die Wechselwirkung der magnetischen Momente untereinander genügend kurzreichweitig ist und auf einer Energieskala weit unterhalb der Zeeman-Aufspaltung stattfindet, dann erfolgt auch die Transversalrelaxation einem exponentiellen Verlauf

$$\vec{M}_T = |\vec{M}_0| \cdot \sin\alpha \cdot e^{-t/T_2} \begin{pmatrix} \cos(\omega_0 t) \\ \sin(\omega_0 t) \\ 0 \end{pmatrix} . \tag{5.40}$$

Zum anderen wird die Dephasierung durch kleinste Inhomogenitäten im magnetischen Führungsfeld $\vec{B}_0$ beschleunigt. Diese Inhomogenitäten werden beispielsweise verursacht durch Imperfektionen des Führungsfeldes $\Delta B(r)$ und durch Suszeptibilitätsunterschiede der Stoffe und Materialien in der Umgebung der Spins. Beide Ursachen führen im Ergebnis zu

einer Ortsabhängigkeit der Larmorfrequenz $\omega(r) = \gamma\,(B_0 + \Delta B(r))$ und damit im Laufe der Zeit zu einem Verlust an Phasenkohärenz. In der Summe führen alle individuellen Dephasierungsprozesse zu einer totalen Transversalrelaxationszeit T_2^*, wobei stets $T_2^* \leq T_2$ gilt.
Durch Ergänzung der Blochschen Gleichungen (5.23) um die beiden Relaxationszeiten T_1 und T_2^* ergeben sich die *phänomenologischen Blochschen Gleichungen*, welche die Bewegung des Magnetisierungsvektors $\vec{M}$ vollständig beschreiben [Cal91]:

$$\dot{M}_x = \gamma(\vec{M} \times \vec{B})_x - \frac{1}{T_2^*}M_x \qquad (5.41)$$

$$\dot{M}_y = \gamma(\vec{M} \times \vec{B})_y - \frac{1}{T_2^*}M_y \qquad (5.42)$$

$$\dot{M}_z = \gamma(\vec{M} \times \vec{B})_z - \frac{1}{T_1}(M_0 - M_z) \quad . \qquad (5.43)$$

5.2 Bildgebungssequenzen

5.2.1 Ortskodierung und Bildrekonstruktion

Um aus dem Kernspinresonanzsignal eine ortsaufgelöste Abbildung der Spinverteilung zu erhalten, muss dem Spinensemble zuerst eine Ortsinformation aufgeprägt und anschließend abgefragt werden. Das geschieht durch das Anlegen eines definierten magnetischen Feldgradienten G, der bei den Spins eine ortsabhängige Larmorfrequenz und Phase erzeugt.
Dazu werde im Folgenden wieder ein magnetisches Führungsfeld $\vec{B}_0$ in z-Richtung betrachtet, d.h

$$\vec{B}_0 = B_0 \cdot \hat{e}_z \quad . \qquad (5.44)$$

Das magnetische Gradientenfeld $\vec{G}$ sei definiert als

$$\vec{G} = \hat{e}_x \frac{\partial B_z}{\partial x} + \hat{e}_y \frac{\partial B_z}{\partial y} + \hat{e}_z \frac{\partial B_z}{\partial z} \quad . \qquad (5.45)$$

Wird nun das magnetische Führungsfeld $\vec{B}_0$ mit einem magnetischen Gradientenfeld $\vec{G}$ überlagert, dann ist die Larmorfrequenz der Spins ω abhängig von ihrer Position $\vec{r}$ im Magnetfeld, d.h $\omega = \omega(\vec{r})$. Nach der Einwirkdauer τ_G des Gradienten haben demnach alle Spins eine unterschiedliche relative Phase, die in Beziehung zu ihrer Position entlang des Gradienten $\vec{G}$ steht und in der damit eine Ortsinformation enthalten ist. Um das Prinzip der Ortskodierung genauer zu erläutern, betrachte man zunächst wieder die Bewegung der Transversalkomponente $\vec{M}_T$ des Magnetisierungsvektors

$$\vec{M}_T(\vec{r},t) = M(\vec{r})\sin\alpha \begin{pmatrix} \cos(\omega_L t) \\ -\sin(\omega_L t) \\ 0 \end{pmatrix} \quad . \qquad (5.46)$$

5.2. BILDGEBUNGSSEQUENZEN

Eine kompaktere Schreibweise von Gleichung 5.46 ist in der komplexen Zahlenebene möglich. Dort läßt sich die Gleichung in der Form

$$M_T(\vec{r}, t) = |\vec{M}(\vec{r})| \cdot \sin\alpha \cdot (\cos(\omega t) - i\sin(\omega t)) \tag{5.47}$$
$$= M_T(\vec{r}) \cdot e^{(-i\omega t)} \quad mit \quad i = \sqrt{-1} \quad . \tag{5.48}$$

darstellen.
Das dem Führungsfeld $\vec{B}_0$ überlagerte schwache, lineare Gradientenfeld $\vec{G}$ sorgt für eine ortsabhängige Larmorfrequenz $\omega(\vec{r})$ und jedes Teilvolumen dV präzediert entsprechend seiner Position $\vec{r}$ mit einer individuellen Larmorfrequenz

$$\omega(\vec{r}) = \gamma B_0 + \gamma \vec{G} \cdot \vec{r} \quad wobei \quad B_0 \gg \vec{G} \cdot \vec{r} \quad . \tag{5.49}$$

Das Kernspinresonanz S ist eine Überlagerung aller Einzelbeiträge dS der Teilvolumina dV im Volumen V und ergibt sich folglich als Integral über den gesamten Raumbereich

$$dS = M_T(\vec{r}, t)\, dV \tag{5.50}$$
$$= M_T(\vec{r}) \cdot e^{-i\gamma(B_0 + \vec{G} \cdot \vec{r})t}\, dV \tag{5.51}$$
$$S(t) = \iiint_{-\infty}^{+\infty} M_T(\vec{r}) \cdot e^{-i\gamma(B_0 + \vec{G} \cdot \vec{r}) \cdot t} d^3r \quad . \tag{5.52}$$

Der höherfrequente Anteil $\omega_0 = \gamma B_0$ enthält keinerlei Ortsinformation und ist für die weiteren Überlegungen ohne Relevanz. Er kann beispielsweise durch eine Demodulation des Signals $S(t)$ entfernt werden und man erhält

$$S(t) = \iiint_{-\infty}^{+\infty} M_T(\vec{r}) \cdot e^{-i\gamma \vec{G} \cdot \vec{r} \cdot t} d^3r \quad . \tag{5.53}$$

Durch Einführung des Vektors $\vec{k}$

$$\vec{k} = \frac{1}{2\pi}\gamma \vec{G} t \quad , \tag{5.54}$$

der auch als *Ortsfrequenz* bezeichnet wird, lässt sich (5.53) schreiben als

$$S(\vec{k}) = \iiint_{-\infty}^{+\infty} M_T(\vec{r}) \cdot e^{-2\pi i \vec{k} \cdot \vec{r}} d^3r \quad . \tag{5.55}$$

Diese Gleichung (5.55) liefert das fundamentale Ergebnis, dass das Kernspinresonanzsignal $S(\vec{k})$ aus der Fouriertransformation der Transversalmagnetisierung $M(\vec{r})$ hervorgeht, wobei die Fouriertransformation F einer Funktion $f(\vec{r})$ und die Umkehrfunktion F^{-1} definiert sind als

$$F[f(\vec{r})] = \tilde{f}(\vec{k}) = \frac{1}{(2\pi)^{3/2}} \iiint_{-\infty}^{+\infty} f(\vec{r}) \cdot e^{-i2\pi \vec{k} \cdot \vec{r}} d^3r \tag{5.56}$$
$$F^{-1}[\tilde{f}(\vec{k})] = f(\vec{r}) = \frac{1}{(2\pi)^{3/2}} \iiint_{-\infty}^{+\infty} \tilde{f}(\vec{k}) \cdot e^{+i2\pi \vec{k} \cdot \vec{r}} d^3k \tag{5.57}$$

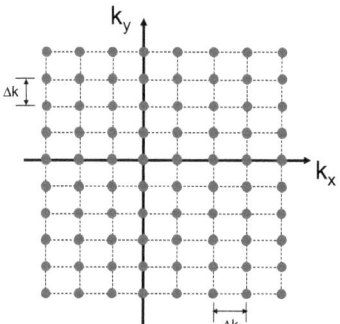

Abbildung 5.4: Karthesisches Gitter

Das Signal $S(\vec{k})$ und die Transversalmagnetisierung $M_T(\vec{r})$ sind konjugierte Funktionen und $\vec{r}$ und $\vec{k}$ die beiden konjugierten Variablen. Den Vektor $\vec{k}$ nennt man reziproken Raumvektor oder auch k-Vektor und den von $\vec{k}$ aufgespannten Vektorraum reziproken Raum oder k-Raum [Man73]. Durch Anwendung der inversen Fouriertransformation F^{-1} auf das Signal $S(\vec{k})$ lässt sich die ortsaufgelöste Abbildung der Transversalmagnetisierung $M_T(\vec{r})$ berechnen:

$$M_T(\vec{r}) = F^{-1}\left[S(\vec{k})\right] \quad . \tag{5.58}$$

Die Erfassung des k-Raums und das Auslesen des NMR-Signals $S(\vec{k})$ geschieht in einer *MRT-Bildgebungssequenz*, welche am Beispiel einer Gradientenechosequenz (5.2.3) und einer Radialsequenz (5.2.4) erläutert wird. Aus den Daten im k-Raum wird anschließend durch eine numerisch ausgeführte Fouriertransfomation das Bild berechnet. Ein sehr effienter und schneller Algorithmus zur Berechnung der Fouriertransformation ist die *Fast-Fourier-Transformation (FFT)*, deren Anwendung aber an bestimmte Voraussetzungen geknüpft ist. Eine zentrale Vorraussetzung ist, dass die einzelnen Datenpunkte auf den Schnittpunkten eines karthesischen Gitters in gleichen Abständen liegen müssen, so wie es in Abbildung 5.4 dargestellt ist. Liegen die Datenpunkte nicht in diesem Ordnungsschema vor, dann müssen die Datenpunkte auf ein karthesisches Gitter projiziert werden, bevor die FFT durchgeführt werden kann. Dieses Verfahren bezeichnet man als *Regridding* und wird im Rahmen der Radialsequenz in Kapitel 5.2.4 besprochen.

5.2.2 Die Schichtselektion

Die Selektion der individuellen Schichten geschieht durch eine Kombination von Anregungsimpulsen einerseits und magnetischen Gradientenfeldern andererseits. Für die Auslenkung

5.2. BILDGEBUNGSSEQUENZEN

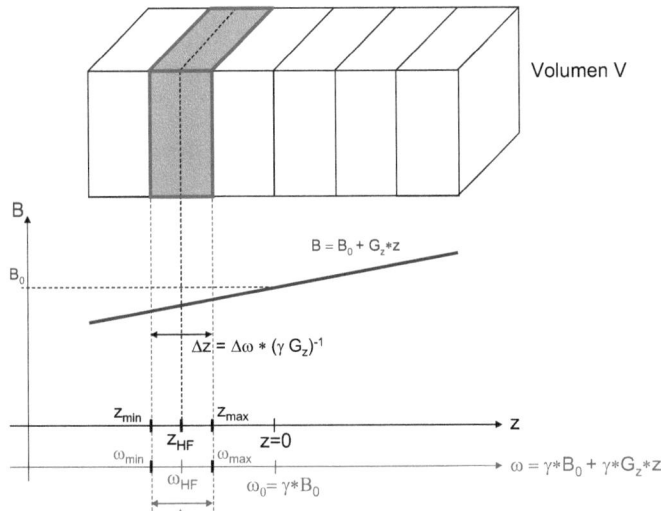

Abbildung 5.5: Illustration der Schichtselektion

Dem magnetischen Führungsfeld B_0 wird ein Gradientenfeld G_z überlagert und transversal zum Führungsfeld B_0 ein Sinc-Implus mit der Frequenz ω_{HF} und der Frequenzbreite $\Delta\omega_{HF}$ eingestrahlt. Nur in der Schicht (grau), in der die Resonanzbedingung erfüllt wird, erfolgt die Auslenkung des Magnetisierungsvektors. Die Mittelebene dieser Schicht verläuft entlang $z_{HF} = \frac{\omega_{HF} - \gamma B_0}{\gamma G_z}$.

des Magnetisierungsvektors $\vec{M}$ aus der $\vec{B}_0$-Achse ist ein kurzer magnetischer Hochfrequenzimpuls B_{HF} mit der Frequenz ω_{HF} notwendig, der mittels transversal zum Feld angebrachte Spulen eingebracht wird. Die Erfassung des k-Raums erfolgt nacheinander in einzelnen Schichten. Dazu wird das Volumen V in jeweils N gleich dicke, parallel Schichten L_i unterteilt und jede Schicht separat aufgenommen. Anschließend wird das komplette Bild aus den einzelnen Schichtaufnahmen zusammengesetzt.

Für die Auslenkung des Magnetisierungsvektors aus der $\vec{B}_0$-Achse wird die in Kap. 5.1.3 beschriebene Methode der transversalen Einstrahlung eines elektromagnetischen Hochfrequenzpulses B_{HF} verwendet. Dessen Amplitude B_1 und Dauer t_{HF} werden gemäß der Gleichung 5.35 so gewählt, dass der gewünschte Kippwinkel α erreicht wird. Durch Kombination des Anregungsimpulses B_{HF} mit einem schwachen magnetischen Gradientenfeld $\vec{G}_z$ wird gezielt nur eine Schicht angeregt, deren Mittelebene die Resonanzbedingung $\omega_{HF} = \gamma B = \gamma(B_0 + G_z \cdot z)$ erfüllt (Abb. 5.5). Die Position z_{HF} der Mittelebene ergibt sich

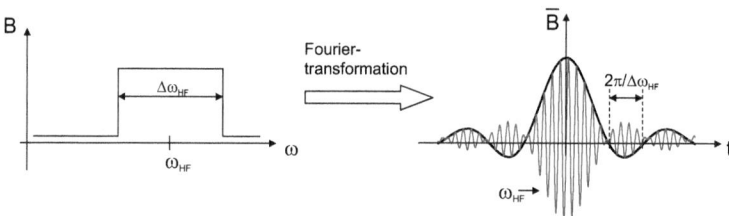

Abbildung 5.6: Sinc-Anregungsimpuls
Links ist das Frequenzprofil des Anregungsimpulses $B_{HF}(\omega)$ dargestellt. In der Zeitdomäne entspricht dies einem Anregungsimpuls $\bar{B}_{HF}(\omega)$, der mit der sinc-Funktion moduliert ist (rechts). $B_{HF}(\omega)$ und $\bar{B}_{HF}(t)$ sind über die Fouriertransformation miteinander gekoppelt.

zu

$$z_{HF} = \frac{\omega_{HF} - \gamma B_0}{\gamma G_z} \quad . \tag{5.59}$$

Die Schichtdicke Δz wird durch die Frequenzbreite $\Delta \omega_{HF}$ des Anregungsimpulses B_{HF} bestimmt:

$$\Delta z = \frac{\Delta \omega_{HF}}{\gamma \cdot G_z} \quad . \tag{5.60}$$

Um eine gleichmäßige Anregung aller Spins innerhalb der ausgewählten Schicht mit der Schichtdicke Δz zu gewährleisten, müssen im Anregungsimpuls B_{HF} alle Frequenzen im Bereich zwischen $\omega_{min} = \omega_{HF} - \frac{\Delta z}{2} \cdot \gamma \cdot G_z$ und $\omega_{max} = \omega_{HF} + \frac{\Delta z}{2} \cdot \gamma \cdot G_z$ mit gleicher Intensität vetreten sein. D.h. das Frequenzspektrum des Anregungsimpulses hat die Form einer Rechteck-Funktion

$$B_{HF}(\omega) \sim \begin{cases} 0 & \text{für } \omega < \omega_{min} \\ 1 & \text{für } \omega_{min} \leq \omega \leq \omega_{max} \\ 0 & \text{für } \omega > \omega_{max} \end{cases} \tag{5.61}$$

In der Zeit-Domäne, die über die Fouriertransformation mit dem Frequenzraum verbunden ist, entspricht dieses Frequenzprofil $B_{HF}(\omega)$ gerade einem Impuls $\bar{B}_{HF}(t)$, der mit der

5.2. BILDGEBUNGSSEQUENZEN

Funktion $\frac{\sin(\frac{\Delta\omega_{HF}}{2}\cdot t)}{t}$ moduliert ist

$$\tilde{B}_{HF}(t) = \frac{1}{\sqrt{2\pi}} \int_{-\infty}^{+\infty} B_{HF}(\omega) \cdot e^{i\omega t}$$

$$\sim \frac{\sin\left(\frac{\Delta\omega_{HF}}{2}\cdot t\right)}{t} \cdot [\cos(\omega_{HF}\cdot t) - i\cdot\cos(\omega_{HF}\cdot t)] \quad , \tag{5.62}$$

wobei ω_{HF} die hochfrequente Trägerfrequenz des Impulses ist (siehe Abbildung 5.6). Diesen modulierten Anregungsimpuls bezeichnet man in Anlehnung an die Definition der sinc-Funktion

$$sinc(x) := \frac{\sin x}{x} \tag{5.63}$$

allgemein als *sinc-Impuls*. Den sinc-Impuls zeichnet aus, dass die angeregte Schicht scharf begrenzte Ränder besitzt.
Die Aufnahme der selektierten Schicht erfolgt anschließend mittels *Frequenz- und Phasenkodierung*. Am Beispiel einer 2d-Gradientenecho-Sequenz wird dieses Verfahren erläutert.

5.2.3 Die 2d-Gradientenecho-Sequenz

Abbildung (5.7) zeigt schematisch den Ablauf einer Gradientenecho-Sequenz. Hier sei angenommen, dass die Schichtselektion in z-Richtung, die Phasenkodierung in y-Richtung und die Frequenzkodierung in x-Richtung erfolge.
Zu Beginn der 2d-Gradientenecho-Sequenz erfolgt die schichtselektive Anregung der Spins in z-Richtung durch einen magnetischen Hochfrequenzimpuls B_{HF}. Die Schichtposition und die Schichtdicke werden nach Gleichung (5.60) und (5.59) durch das Gradientenfeld G_z, der Frequenz ω_{HF} und der Frequenzbreite $\Delta\omega_{HF}$ definiert. Um die durch den G_z-Gradienten in z-Richtung verursachte Dephasierung ϕ der Spins zu kompensieren, wird anschließend der Schichtselektionsgradient G_z für kurze Zeit τ mit umgekehrter Polarität (d.h. $-G_z$) betrieben und dadurch die akkumulierte Phase kompensiert.
Nach der Schichtselektion erfolgt der *Phasenkodierschritt*. Beim Phasenkodierschritts wird für eine feste Zeitdauer Δt_P ein Gradient G_y angelegt, der in y-Richtung zur einer Dephasierung des Spinensembles führt. Nach Abschalten von G_y präzedieren alle Spins wieder mit derselben Phasengeschwindigkeit, aber die Phasenverschiebung in y-Richtung bleibt erhalten. Sie beträgt

$$\Delta\phi = \gamma \cdot G_y \cdot y \cdot \Delta t_P \tag{5.64}$$

und hängt linear vom Gradienten G_z und vom Ort y ab.
Im letzten Schritt erfolgt die *Frequenzkodierung* in x-Richtung durch das Anlegen eines Gradienten $-G_x$ für die Zeitdauer τ_D. Auch er führt analog zum Schichtselektionsgradienten zu einer Dephasierung der Spins. Nach der Zeitdauer τ_D erfolgt eine Rephasierung des Spins, indem der Gradient invertiert wird. Das Dephasieren der Spins mittels $-G_x$ und das anschließende Rephasieren der Spins mittels $+G_x$ führen zu einem NMR-Echosignal, genau

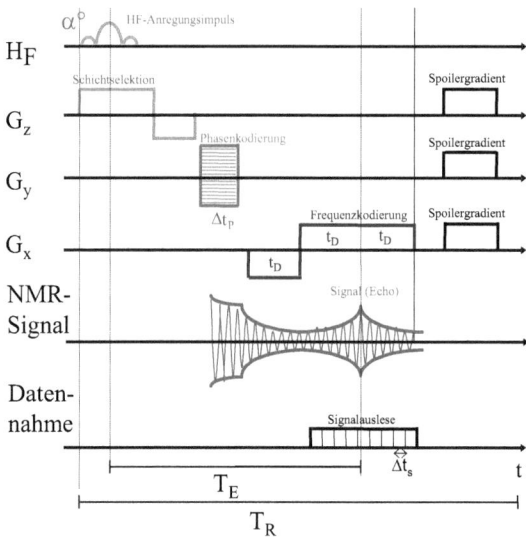

Abbildung 5.7: 2d-Gradientenecho-Sequenz
Schematische Darstellung des zeitlichen Verlaufs einer 2d-Gradientenecho-Sequenz (Erläuterungen im Text).

dann wenn alle Spins erneut in Phase sind. Das Echosignal wird mit der Samplerate ν_s aufgezeichnet und digitalisiert, wobei das Zeitintervalle $\tau_s = 1/\nu_s$ die Auflösung Δk_x

$$\Delta k_x = \frac{1}{2\pi} G \cdot \tau_s \qquad (5.65)$$

des k-Raums in x-Richtung bestimmt. Das Zeitintervall zwischen dem Auslenken der Transversalmagnetisierung und dem Auftreten des Echos wird als *Echozeit* T_e bezeichnet. Zum Abschluss eines jeden Phasenkodierschrittes wird durch das Anlegen eines *Spoiler-Gradienten* die Phasenkohärenzen der Spins aufgehoben werden.
So werden sukzessiv alle Phasenkodierschritte abgearbeitet, bis schließlich der k-Raum mit der gewünschten Genauigkeit erfasst ist. Die Zeit zwischen den HF-Anregungen zweier aufeinanderfolgenden Phasenkodierschritten nennt man *Repetiontion time* T_R. In Abbildung (5.8) ist der Ablauf der Frequenz-und Phasenkodierung im k-Raum illustriert. Die 2d-Gradientenechosequenz startet in Phasenkodierrichtung mit negativen k_y-Werten und ar-

5.2. BILDGEBUNGSSEQUENZEN

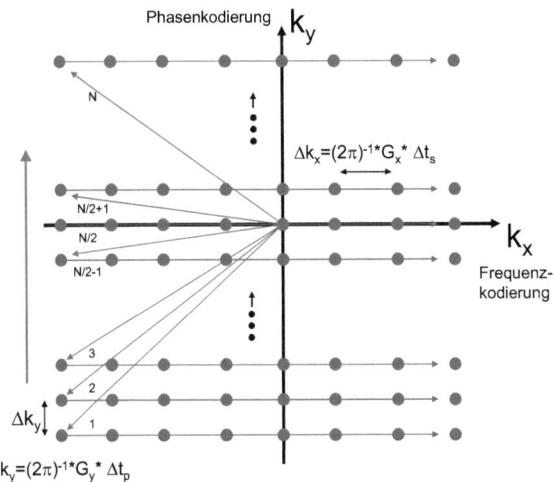

Abbildung 5.8: Abtastung des k-Raums bei einer 2d-Gradientenecho-Sequenz
Die Aufnahme der k-Raums erfolgt in Trajektorien parallel zur k_y-Achse.

beitet sich zeilenweise zu höheren k_y-Werten vor, bis sie den Ursprung bei $(k_x = k_y = 0)$ durchläuft. Dort erreicht das Echo seinen maximalen Wert, denn hier sind alle Spins genau in Phase. Die Aufnahme schließt mit dem N_y-ten Phasenkodierschritt und k_y erreicht sein Maximum. Die Auflösung des k-Raums in y-Richtung ist durch die Anzahl der Phasenkodierschritte N_y und damit durch die Anzahl der HF-Anregungen gegeben, während die Auflösung in die Frequenzkodierrichtung (x-Richtung) alleine durch die Zahl der aquirierten Datenpunkte bestimmt wird. Aus der Auflösung Δk des k-Raums

$$\Delta k = \frac{k_{max} - k_{min}}{N} \tag{5.66}$$

ergibt sich der im Ortsraum aufgenommene Bildbereich *(Field of View)* zu

$$FOV = \frac{1}{\Delta k} \tag{5.67}$$
$$\tag{5.68}$$

und dessen Auflösung ΔL zu

$$\Delta L = \frac{FOV}{N} = \frac{1}{k_{max} - k_{min}} \quad . \tag{5.69}$$

Ein einzelner Phasenkodierschritt wird mit einem Spoilergradienten abgeschlossen, der die restliche Transversalmagnetisierung dephasieren soll, damit im nächsten Phasenkodierschritt möglichst keine Signalverfälschung durch Restkohärenzen auftritt. Der neue Phasenkodierschritt beginnt erneut mit dem Einstrahlen der HF, die den Magnetisierungsvektor M auslenkt und die Transversalmagnetisierung aufbaut. Da bei jedem Phasenkodierschritt die durch das Führungsfeld B_0 erzeugte Boltzmannpolarisation der Protonen ganz oder teilweise zerstört wird, muss zwischen den einzelnen Phasenkodierschritten eine definierte Zeit t, die in der Größenordnung der longitudinalen Relaxationszeit T_1 liegt, abgewartet werden. In dieser Zeit t regeneriert sich die Polarisation und strebt asymptotisch der Boltzmannpolarisation entgegen. Ein möglichst hohes NMR-Signal erreicht man einerseits durch einen hohen Klappwinkel (90°) und andererseits durch eine lange Wartezeit zwischen den Phasenkodierschritten, damit sich der Polarisationsgrad regeneriert. Allerdings reduziert ein hoher Klappwinkel die longitudinale Magnetisierung, die für den jeweils folgenden Phasenkodierschritt zur Verfügung steht. Als *Ernst-Winkel* bezeichnet man nun denjenigen Klappwinkel θ_e, der bei gegebener Repetition Time T_R die maximale Transversalmagnetisierung (und damit maximales Signal) generiert. θ_e bestimmt sich zu

$$\theta_e = \exp\left(-T_R/T_1\right) \quad . \tag{5.70}$$

5.2.4 Die 2d-Radialsequenzen (COMSPIRA)

Im folgenden wird das Prinzip der Radialsequenz am Beispiel der Sequenz COMSPIRA erläutert, die in den MRT-Aufnahmen im Rahmen dieser Dissertation zum Einsatz kam. Eine detaillierte Darstellung von COMSPIRA findet sich in [Rod04].
Kennzeichnend für Radialsequenzen ist, dass die Erfassung des k-Raums entlang von Geraden *radial* um den Ursprung $k_x = k_y = 0$ erfolgt und nicht - wie bei einer Gradientenechosequenz - auf Geraden parallel zur k_x-Koordinate. Es gibt keine separate Phasen- und Frequenzkodierung entlang der beiden Raumrichtungen x und y, sondern beide Raumrichtungen werden gleich behandelt. Zur Illustration sind in Abbildung 5.9 der schematische Ablauf der Sequenz COMSPIRA sowie die Erfassung des k-Raums skizziert.
Ähnlich wie bei der in 5.2.3 dargestellten Gradientenechosequenz erfolgt die Anregung der Spins in z-Richtung durch einen magnetischen Hochfrequenzimpuls B_{HF}. Bei Auswahl der Schichtselektion wird durch Anlegen eines Gradientenfeldes gezielt eine Schicht mit der Position z und der Schichtdicke Δz angeregt. Die Schichtposition und die Schichtdicke werden nach Gleichung (5.60) und (5.59) durch das Gradientenfeld G_z, die Frequenz ω_{HF} und die Frequenzbreite $\Delta\omega_{HF}$ definiert. Nach der Anregung der Spins werden die Bildgebungsgradienten in x- und y-Richtung angelegt. Die Steigung m der Geraden im k-Raum ist definiert durch die Wahl der beiden Bildgebungsgradienten G_x und G_y

$$m = \frac{k_y(t)}{k_x(t)} = \frac{\frac{1}{2\pi}\gamma G_y t}{\frac{1}{2\pi}\gamma G_x t} = \frac{G_y}{G_x} \quad . \tag{5.71}$$

Parallel dazu - und das ist ein wichtiger Unterschied zur Gradientenechosequenz - wird bereits das NMR-Signals mit der Samplerate ν_s aufgenommen. Der große Vorteile der Radialsequenz wird an dieser Stelle sichtbar: Der Einfluss der transversalen Relaxationszeit T_2^*

5.2. BILDGEBUNGSSEQUENZEN

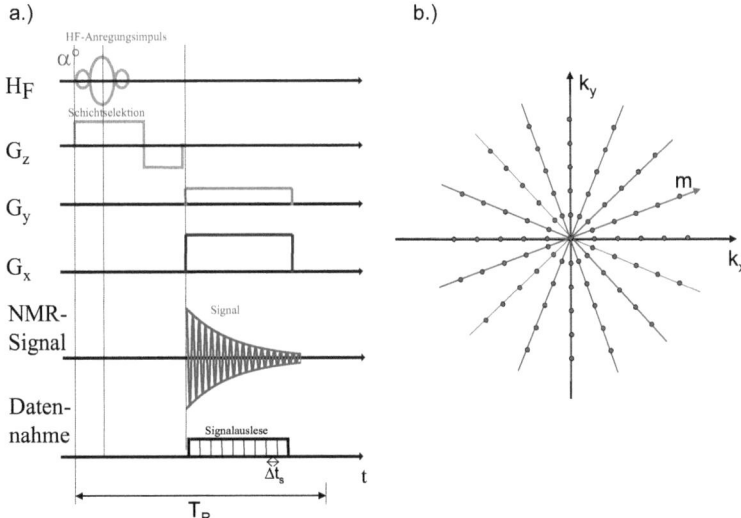

Abbildung 5.9: Ablauf einer Radialsequenz
a.) Abgebildet ist der Ablauf einer Radialsequenz (COMSPIRA). b.) Die Abtastung des k-Raums erfolgt entlang von Ursprungsgeraden mit der Steigung m.

ist gegenüber der Gradientenechosequenz deutlich reduziert, da die NMR-Signalaufnahme erstens unmittelbar nach der HF-Anregung startet und zweitens die Signalaufnahme im Ursprung bei $k_x = k_y = 0$ beginnt. Denn im zentralen Teil des k-Raums (niedrige Ortsfrequenz) ist der Kontrast des Bildes kodiert, während Detailinformation und die Feinstruktur des Bildes im äußeren Teil des k-Raums (hohe Ortsfrequenz) kodiert sind. Während also bei der Radialsequenz der Bereich niederer Ortsfrequenzen sofort nach der Anregung durchlaufen wird, ist in der Gradientenechosequenz das NMR-Signal S_0 und entsprechend der Kontrast der Aufnahme aufgrund der T_2^*-Relaxation bereits auf $S = S_0 e^{-\frac{T_E}{T_2^*}}$ gesunken.

Um zur Bildrekonstruktion bei Radialsequenzen auch den FFT-Algorithmus anwenden zu können, müssen in einem zusätzlichen Schritt zuvor die Datenpunkte $S(k_x, k_y)$ des k-Raums auf ein karthesisches Gitter abgebildet werden. COMSPIRA interpoliert den Funktionswert an einem Gitterpunkt $\vec{k}^{(i)}$ durch Faltung der Daten im k-Raum mit einer Wichtungsfunktion $C(u, v)$:

$$S(k_x^{(i)}, k_y^{(i)}) = \int\int dk_x' dk_y'\ C(k_x^{(i)} - k_x', k_y^{(i)} - k_y') \cdot S(k_y', k_y') \quad . \tag{5.72}$$

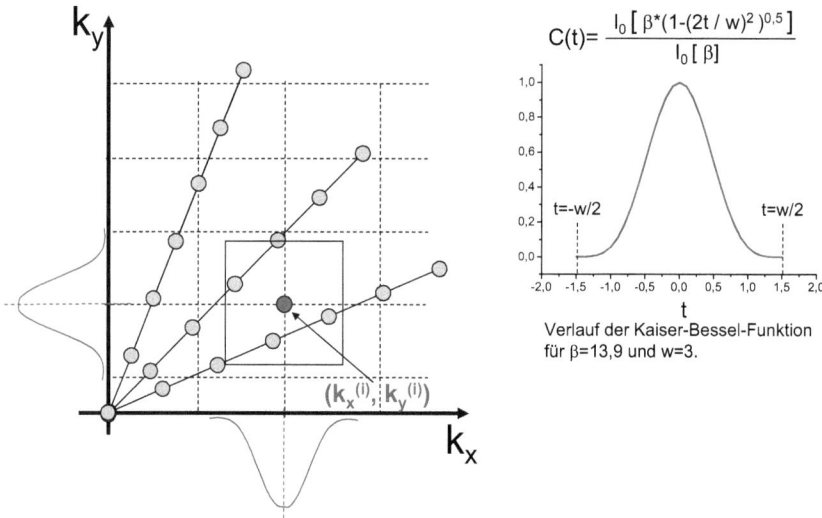

Abbildung 5.10: Interpolation der Funktionswerte auf ein karthesisches Gitter
Durch Faltung mit einer Wichtungsfunktion wird der Funktionswert an einem Punkt $(k_x^{(i)}, k_y^{(i)})$ des karthesischen Gitters aus den Funktionswerten in der Umgebung dieses Punktes berechnet. Je näher die Punkte am Gitterpunkt $(k_x^{(i)}, k_y^{(i)})$ liegen, umso stärker ist ihre Gewichtung. Der Verlauf der Wichtungsfunktion ist an den beiden Achsen angedeutet und rechts für die Parameter $\beta = 13,9$ und $w = 3$ aufgetragen.

Der Funktionswert an der Stelle k geht durch eine gewichtete Mittelung aus den Funktionswerten in seiner Umgebung hervor (siehe Abbildung 5.10). Die Wahl der Wichtungsfunktion gibt vor, wie stark die Datenpunkte in der Umgebung bei der Berechung des Funktionswertes berücksichtigt werden. COMSPIRA verwendet als Wichtungsfunktion C die Kaiser-Bessel-Funktion

$$C(u,v) = \frac{1}{I_0[\beta]} \cdot I_0\left[\beta\sqrt{1-\left(\frac{2u}{W}\right)^2}\right] \cdot \frac{1}{I_0[\beta]} \cdot I_0\left[\beta\sqrt{1-\left(\frac{2v}{W}\right)^2}\right], \qquad (5.73)$$

wobei I_0 die modifizierte Bessel-Funktion erster Gattung 0-ter Ordnung ist. β und W sind zwei frei wählbare Parameter, welche die Qualität des rekonstruierten Bildes beeinflussen

5.2. BILDGEBUNGSSEQUENZEN 79

[Jac91]. Sie betragen in COMSPIRA $\beta = 13,9$ und $W = 3$ ([Rod04],[Jac91]).
In Abbildung 5.10 ist der Verlauf der Funktion $\frac{1}{I_0[\beta]} I_0 \left[\beta \sqrt{1 - \left(\frac{2u}{W}\right)^2} \right]$ für $\beta = 13,9$ und $W = 3$ skizziert.

5.2.5 Die Abbildung der Lunge mittels ^{3}He-MRT

Aus zwei zentralen Gründen ist die Abbildung der Lunge mittels ^1H-MRT nur mit Einschränkungen möglich. Zum einen ist in der Lunge, die zum größten Teil aus luftgefüllten Hohlräumen besteht, die mittlere Anzahl an ^1H-Atomen pro Volumen um mehr als zwei Größenordnungen geringer als im übrigen Körpergewebe. Damit ist auch ein deutlich geringeres NMR-Signal verbunden. Lediglich das Lungenparenchym, das einen kleinen Anteil der Lunge ausmacht, liefert einen nennenswerten Signalbeitrag. Zum anderen verursachen Unterschiede in der Suszeptibilitätszahl χ zwischen dem Gewebe (χ_{Gewebe}) und der Luft (χ_{Luft}) hohe lokale statische Magnetfeldgradienten in der Lunge. Diese Magentfeldgradienten verkürzen die T_2^*-Relaxationszeit signifikant und führen zu einer sehr schnellen irreversiblen Abnahme des Kernspinresonanzsignals.

Eine besser Alternative stellt die Magnetresonanztomographie der Lunge mit gasförmigem hyperpolarisiertem ^{3}He dar. Der Patient bzw. Probant atmet im Tomographen das hyperpolarisierte ^{3}He ein, das zuvor außerhalb des Tomographen auf einen Kernspinpolarisationsgrad in der Größenordnung $P \approx 1$ polarisiert wurde. Die geringe Spindichte des ^{3}He in der Lunge wird durch den außerordentlich hohen Kernspinpolarisationsgrad kompensiert. Dieser Kernspinpolarisationsgrad entspricht mehr als dem 20.000-fachen der Boltzmannpolsarisation von Wasserstoff bei einem magnetischen Führungsfeld von $B = 1,5\ T$ und ist für die Generierung eines MRT-Signals ausreichend hoch [Gro96].

Auch mit den klinischen Kernspintomographen ist die MRT mit ^{3}He möglich. Folgende Aspekte sind jedoch zu berücksichtigen:

- Bedingt durch die unterschiedlichen gyromagnetischen Verhältnisse von ^1H und ^{3}He unterscheiden sich bei einem identischen magnetischen Führungsfeld die Larmorfrequenzen der beiden Kerne. Sie beträgt bei einem 1,5 T-Tomographen $\nu_\mathrm{H} = 63,9$ MHz für ^{1}H und $\nu_\mathrm{He} = 48,7$ MHz für ^{3}He. Für die ^{3}He-MRT muss darum eine (eigene) Empfängerspule bereitgestellt werden, deren Resonanzfrequenz an die ^{3}He-Larmorfrequenz angepasst ist.

- Die reproduzierbare und definierte ^{3}He-Applikation erfordert eine Applikationseinheit.

- Hyperpolarisiertes ^{3}He muss in ausreichender Quantität und Qualität verfügbar sein - entweder durch eine kleine mobile ^{3}He-Polarisatoreinheit vor Ort oder über eine zentrale Versorgung.

- Falls hp ^{3}He nicht vor Ort sondern an einem entfernten zentralen Ort produziert wird, wird ein geeignetes Transportbehältnis für einen sicheren und polarisationserhaltenden ^{3}He-Transport benötigt.

- Die MRT-Bildgebungssequenzen müssen an die Erfordernisse der ^{3}He-MRT angepasst werden.

Auf den letzten Punkt soll an dieser Stelle näher eingegangen werden. Bei jeder einzelnen HF-Anregung der Spins innerhalb der Bildgebungssequenz wird ein Teil der ursprünglichen longitudinalen Magnetisierung $M_z^{(0)}$ in transversale Magnetisierung $M_T = M_z^{(0)} \cdot \sin\theta$ umgewandelt, wobei θ der Auslenkwinkel ist. Die verbleibende Longitudinalmagnetisierung beträgt

$$M_z = M_z^0 \cdot \cos\theta \quad . \tag{5.74}$$

Die Transversalmagnetisierung M_T zerfällt mit der Zeitkonstanten T_2^* innerhalb kurzer Zeit und geht unwiderruflich verloren. Während bei Boltzmann-polarisierten Kernen durch eine beabsichtigte Pausenzeit τ ($\tau > T_1$) zwischen den einzelnen Anregungsimpulsen Zeit für einen Wiederaufbau der Longitudinalmagnetisierung gegeben wird, kann sich die Longitudinalmagnetisierung bei hyperpolarisierten Kernen nicht regenerieren. Nach der n-ten HF-Anregung verbleibt von der ursprüngliche Mangentisierung $M_z^{(0)}$ gerade

$$M_z^{(n)} = M_z^{(0)} \cdot \cos^n\theta \quad . \tag{5.75}$$

Aufgrund dieses unvermeidlichen Polarisationsverlustes wird bei der ^{3}He-Bildgebung auf kleine Anregungswinkel zurückgegriffen.

5.3 Diffusionsgewichtete Bildgebung

5.3.1 Grundlagen der Diffusion

Der Begriff Diffusion bezeichnet ein Materie-Transportphänomen, das aus der thermischen Bewegung und den Stößen der Atome, Moleküle und Ionen hervorgeht. Die Diffusion ist ein stochastischer Materietransport zwischen zwei oder mehreren unterschiedlichen Stoffen. Zur Unterscheidung dazu bezeichnet man als *Selbstdiffusion* den statistischen Materietransport innerhalb ein und desselben Stoffes. Die charakteristische Größe des Diffusionsvorgangs ist die Diffusionskonstante D. Sie drückt die Geschwindigkeit aus, mit der die Diffusion abläuft. Betrachtet sei ein Materieteilchen, welches zum Zeitpunkt t_0 an der Position x_0 sei. Die Wahrscheinlichkeit P, dieses Teilchen zu einem späteren Zeitpunkt $t_1 = t_0 + \Delta t$ in dem Intervall $(x_0 + dx)$ anzutreffen, ist durch

$$P(x_0 + dx) = \rho(x_0) dx \tag{5.76}$$

gegeben. $\rho(x)$ ist eine charakteristische Wahrscheinlichkeitsverteilungsfunktion. Für den Fall einer *freien Diffusion*, d.h. wenn die Diffusion nicht durch eine Wand oder eine Verengungsstelle behindert wird, ist $\rho(x_0)$ eine Gaußfunktion mit dem Maximum bei x_0. Das mittlere quadratische Verschiebungsquadrat $\langle \Delta x^2 \rangle$ ist durch die *Einstein-Smoluchowski Gleichung*

$$\langle \Delta x^2 \rangle = 2D\,\Delta t \tag{5.77}$$

gegeben. Die Diffusionsbewegung geschieht in isotropen Stoffen in alle drei Raumrichtungen unabhängig voneinader, d.h.

$$\langle \Delta x^2 \rangle = \langle \Delta y^2 \rangle = \langle \Delta z^2 \rangle = 2D\,\Delta t \quad .$$

5.3. DIFFUSIONSGEWICHTETE BILDGEBUNG

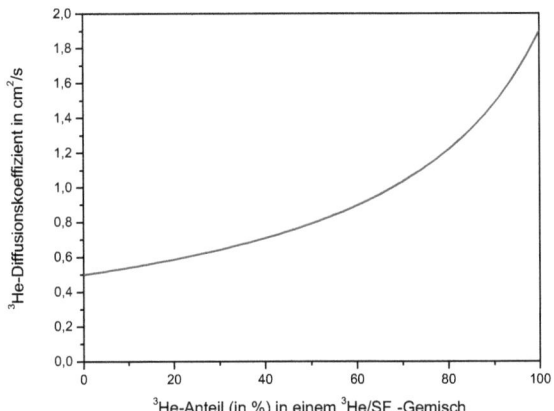

Abbildung 5.11: Diffusionskoeffizient einer ^{3}He-SF_6-Gasmischung
^{3}He-*Diffusionskoeffizient (theoretisch) für eine* ^{3}He-SF_6-*Gasmischung bei einem Gesamtdruck* $p = 1$ *bar und einer Temperatur* $\theta = 20°$ *[Aco06]*.

Für das mittlere quadratische Verschiebungsquadrat $\langle \Delta \vec{x}^2 \rangle$ bei freier Diffusion im 3-dimensionalen Raum ergibt sich

$$\langle \Delta \vec{x}^2 \rangle = 6\, D\, \Delta t \quad . \tag{5.78}$$

Die Temperatur T, das Molekulargewicht m und der Druck p beeinflussen die Diffusionskonstante D eines Stoffes. Eine Zunahme der Temperatur erhöht die mittlere quadratische Geschwindigkeit $\langle v^2 \rangle$ der Materieteilchen und führt zu einer größeren Mobilität der Atome und Moleküle. Bei einer Druckzunahme dagegen steigt die Stoßrate der Materieteilchen an und hemmt ihre Mobilität, so dass D sinkt. Für ein ideales Gas gilt der Zusammenhang

$$D \sim \frac{1}{\sqrt{m}}\, \frac{T^{\frac{3}{2}}}{p} \quad . \tag{5.79}$$

In Stoffmischungen ist die Diffusionsgeschwindigkeit von den Konzentrationen der beiden beteiligten Stoffe abhängig. Dieser Sachverhalt macht sich vor allem dann bemerkbar, wenn die Diffusionskoeffizienten der beiden beteiligten Stoffe sehr unterschiedlich sind und ihre Konzentrationen in etwa gleich groß sind. Seien in einer binären Gasmischung p_a der Partialdruck eines Gases a, p_b der Partialdruck eines Gases b und $p_g = p_a + p_b$ der Gesamtdruck, dann beträgt der Diffusionskoeffizient D_a des Gases a in dieser Mischung gerade ([Mai02],[Aco06])

$$\frac{1}{D_a} = \frac{p_a}{p_g} \cdot \frac{1}{D_a^{(a)}(p_g)} + \frac{p_b}{p_g} \cdot \frac{1}{D_a^{(b)}(p_g)} \quad . \tag{5.80}$$

Im ersten Term bezeichnet $D_a^{(a)}(p_g)$ den Selbstdiffusionskoeffizienten von Gas a bei einem Gesamtdruck p_g. Der zweite Term $D_a^{(b)}(p_g)$ gibt den Diffusionskoeffizieten von Gas a in einer annähernd reinen Umgebung von Gas b bei einem Gesamtdruck von p_g an, d.h. $\frac{p_b}{p_g} \to 1$ und $\frac{p_a}{p_g} \to 0$. Beide Terme werden durch die relative Konzentration der jeweiligen Gase in dem Gasgemisch gewichtet. In einer Gasmischung aus mehr als zwei Stoffen berechnet sich der Diffusionskoeffizient eines Stoffes i in Verallgemeinerung von 5.80 entsprechend zu

$$\frac{1}{D_i} = \sum_{j=1}^{n} \frac{p_j}{p_{ges}} \cdot \frac{1}{D_i^{(j)}(p_{ges})} \quad . \tag{5.81}$$

In Abbildung 5.11 wird beispielhaft der theoretische Verlauf des ^{3}He-Diffusionskoeffizienten in einer ^{3}He-SF_6-Gasmischung bei einem Gesamtdruck von jeweils $p = 1\ bar$ und einer Temperatur von $\theta = 20°$ gezeigt.

5.3.2 Grundlagen der Diffusionsmessung mittels NMR

Die Diffusionsbewegung der Kernspins in einem magnetischen Gradientenfeld sorgt für eine irreversible Dephasierung der Kernspins und führt zu einer Abnahme des NMR-Signals. Dieser Effekt wird bei der Messung des Diffusionskoeffizienten ausgenutzt, indem der Einfluss von Diffusionsgradienten mit unterschiedlicher Dauer und Stärke auf die NMR-Signalstärke gemessen wird. Das Messprinzip sei im Folgenden an einem einfachen Beispiel erläutert.

Betrachtet werde ein Volumen V, das sich in einem homogenen magnetischen Feld $\vec{B}_0 = (0, 0, B_z)$, wie in Abbildung 5.13 a.) angedeutet, befände. Das Volumen V bestehe wiederum aus N infinitesimal kleinen identischen Teilvolumina V^k mit einem identischen transversalen magnetischen Momenten

$$\vec{\mu}_{xy}^k = \mu_{xy}^k \cdot e^{-i\omega t} \quad . \tag{5.82}$$

Anfangs oszillieren alle magnetischen Momente $\vec{\mu}_{xy}^k$ mit der Larmorfrequenz $\omega = \gamma \cdot B_z$. Die magnetischen Momente $\vec{\mu}_{xy}^k$ addieren sich zum gesamten magnetischen Moment $\vec{\mu}_{xy}$

$$\begin{aligned}
\vec{\mu}_{xy} &= \sum_{k=1}^{N} \vec{\mu}_{xy}^k \\
&= \sum_{k=1}^{N} \left(\mu_{xy}^k \cdot e^{-i\omega t} \right) \\
&= N \cdot \mu_{xy}^k \cdot e^{-i\omega t}
\end{aligned} \tag{5.83}$$

mit dem Betrag

$$|\vec{\mu}_{xy}| = N \cdot \mu_{xy}^k \quad . \tag{5.84}$$

Legt man zum Zeitpunkt $t = 0$ ein bipolares Gradientenfeld $\vec{G}_D$ wie in 5.12 dargestellt über

5.3. DIFFUSIONSGEWICHTETE BILDGEBUNG

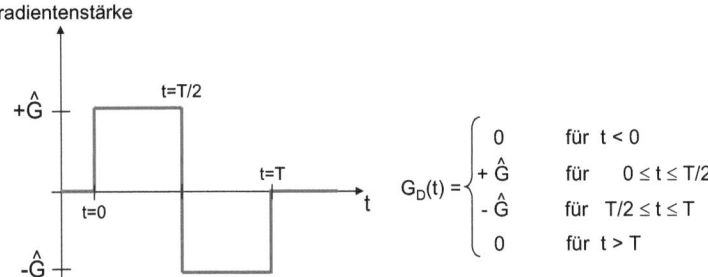

Abbildung 5.12: Bipolarer Diffusionsgradient G_D mit Rechteck-Profil

das Volumen V, dann wird die Larmorfrequenz ω ortsabhängig. Zum Zeitpunkt t_1 hat dann im Teilvolumen V^k die Phase der Magnetisierung um den Betrag

$$\varphi_k = \omega_k \cdot t_1 = \gamma \cdot (B_z + \vec{G}_D \cdot \vec{r}_k) t_1 \qquad (5.85)$$

zugenommen, wobei $\vec{r}_k$ die Position des k-ten Teilvolumens V^k ist. Die über die gesamte erste Hälfte des Gradienten von $t = 0$ bis $t = \frac{T}{2}$ akkumulierte Phase φ_k^+ beträgt

$$\varphi_k^+ = \gamma \int_0^{T/2} (B_z + \vec{G}_D \cdot \vec{r}_k) dt \qquad (5.86)$$

und die in der zweiten Hälfte von $t = \frac{T}{2}$ bis $t = T$) akkumulierte Phase φ_k^- lautet

$$\varphi_k^- = \gamma \int_{T/2}^{T} (B_z - \vec{G}_D \cdot \vec{r}_k) dt \quad . \qquad (5.87)$$

In der Summe ergibt sich nach der Einwirkzeit des Gradienten eine netto-Phase φ_k von

$$\varphi_k = \varphi_k^+ + \varphi_k^- = \gamma \cdot B_z \cdot T + \gamma \int_0^{T/2} \vec{G}_D \cdot \vec{r}_k dt - \gamma \int_{T/2}^{T} \vec{G}_D \cdot \vec{r}_k dt = \varphi_{k,0} + \Delta \varphi_k \qquad (5.88)$$

$$\text{mit} \quad \varphi_{k,0} = \gamma \cdot B_z \cdot T \qquad (5.89)$$

$$\text{und} \quad \Delta \varphi_k = \gamma \int_0^{T/2} \vec{G}_D \cdot \vec{r}_k dt - \gamma \int_{T/2}^{T} \vec{G}_D \cdot \vec{r}_k dt \qquad (5.90)$$

84 KAPITEL 5. DIE MAGNETRESONANZTOMOGRAPHIE (MRT)

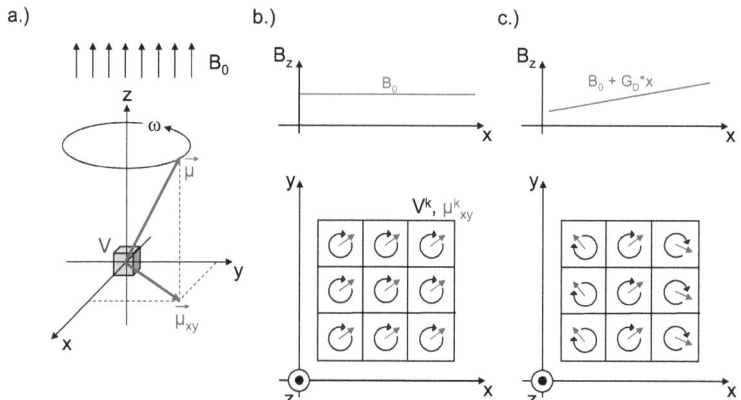

Abbildung 5.13: Grundlagen der NMR-Diffusionsmessung
Abbildung a.) zeigt das Volumen V in einem homogenen Magnetfeld B_0 mit einem transversalen magnetischen Moment $\vec{\mu}_{xy}$. Das Volumen V wiederum besteht aus vielen einzelnen Volumen V^k mit einem magnetischen Moment μ_{xy}^k, dargestellt in Abbildung b.). Solange ein homogenes Feld B_0 herrscht, sind alle μ_{xy}^k in Phase. Durch Einschalten eines Gradienten G_D in x-Richtung wird das Magnetfeld und damit auch die Phase des transversalen magnetischen Momentes μ_{xy}^k ortsabhängig, wie in Abbildung c.) angedeutet.

Für den Betrag der Magnetisierung $\vec{\mu}_{xy}$ folgt daraus

$$|\vec{\mu}_{xy}| = |\sum_{k=1}^{N} \mu_{xy}^k \cdot e^{-i(\varphi_{k,0}+\Delta\varphi_k)}| \qquad (5.91)$$

Die Phase $\varphi_{k,0}$ ist in allen Teilvolumina V^k identisch. Die Netto-Phase $\Delta\varphi_k$ hingegen hängt neben der Stärke des homogenen Führungsfeldes B_z und der Gradientenstärke $\vec{G}_D$ des Diffusionsgradienten vor allem von der Bewegung $\vec{r}_k(t)$ des k-ten Teilvolumens entlang des Gradienten ab. Zwei Fälle sind an dieser Stelle von Interesse: 1.) die Teilvolumen sind ortsfest oder 2.) sie bewegen sich zufällig im Raum. Sind die Teilvolumina ortsfest, d.h. $\vec{r}_k = const$, dann heben sich die beiden Integralterme in 5.88 auf und es folgt $\Delta\varphi_k = 0$. Der Betrag der Magnetisierung $\vec{\mu}_{xy}$ berechnet sich zu

$$|\vec{\mu}_{xy}| = |\sum_{k=1}^{N} \mu_{xy}^k \cdot e^{-i(\varphi_{k,0}+\Delta\varphi_k)}| = |\sum_{k=1}^{N} \mu_{xy}^k \cdot e^{-i\varphi_{k,0}}| = N \cdot \mu_{xy}^k \quad . \qquad (5.92)$$

Die Magnetisierungen $\vec{\mu}_{xy}^k$ aller Teilvolumina sind nach der Einwirkzeit des bipolaren Gradienten wieder in Phase und addieren sich zum ursprünglichen magnetischen Moment $N \cdot \mu_{xy}^k$.

5.3. DIFFUSIONSGEWICHTETE BILDGEBUNG

Wenn sich die Volumina V^k jedoch zufällig im Volumen V bewegen, dann heben sich die beiden Integralterme i. A. gerade nicht auf und es gilt $\Delta\varphi_k \neq 0$. Jedes Teilvolumen V^k akkumuliert eine individuelle Phase $\Delta\varphi_k$, so dass die ursprüngliche Phasenkohärenz nach der Einwirkzeit des bipolaren Gradienten nicht erreicht wird. Der Betrag des magnetischen Momentes $|\vec{\mu}_{xy}|$ - und damit auch das NMR-Signal - sinkt und beträgt

$$\begin{aligned}
|\vec{\mu}_{xy}| &= |\sum_{k=1}^{N} \mu_{xy}^k \cdot e^{-i(\varphi_{k,0}+\Delta\varphi_k)}| \quad (5.93)\\
&= \mu_{xy}^k \cdot |\sum_{k=1}^{N} e^{-i\Delta\varphi_k}|\\
&\leq N \cdot \mu_{xy}^k ,
\end{aligned}$$

da die Phase $\Delta\varphi_k$ nicht für alle V^k identisch ist. Es bleibt am Ende eine Dephasierung übrig, die im Ergebnis zu einer Signalabnahme führt. Für den Fall einer freien Diffusion wird die Signalabnahme durch die Relation

$$S_1 = S_0 e^{-D \cdot b} \quad (5.94)$$

beschrieben [Cal91]. S_1 bezeichnet die Signalintensität mit einem Diffusionsgradienten und S_0 die Signalintensität ohne Diffusionsgradienten. Zwei Größen charakterisieren die exponentielle Abnahme des NMR-Signals: Der Diffusions-Gewichtungsfaktor b (kurz: b-Wert) und der Diffusionskoeffizient D des Stoffes. Der b-Wert wird durch das Gradientenprofil und die Gradientendauer bestimmt und beträgt [Cal91]

$$b(t) = \gamma^2 \int_0^t \left(\int_0^{t'} G_D(t'') \, dt'' \right)^2 dt' \quad . \quad (5.95)$$

Für den in Abbildung 5.12 dargestellten Rechteck-förmigen Diffusionsgradienten beispielsweise berechnet sich der korrespondierende b-Wert zu:

$$\begin{aligned}
b(t) &= \gamma^2 \int_0^t \left(\int_0^{t'} G_D(t'') \, dt'' \right)^2 dt' \quad (5.96)\\
&= \gamma^2 \int_0^{\frac{T}{2}} \left(\int_0^{t'} G_D(t'') \, dt'' \right)^2 dt' + \gamma^2 \int_{\frac{T}{2}}^{T} \left(\int_0^{t'} G_D(t'') \, dt'' \right)^2 dt'\\
&= \gamma^2 \int_0^{\frac{T}{2}} \left(\int_0^{t'} (+\hat{G}) \, dt'' \right)^2 dt' + \gamma^2 \int_{\frac{T}{2}}^{T} \left(\int_0^{\frac{T}{2}} (+\hat{G}) \, dt'' + \int_{\frac{T}{2}}^{t'} (-\hat{G}) \, dt'' \right)^2 dt'\\
&= \gamma^2 \int_0^{\frac{T}{2}} \hat{G}^2 \, t'^2 \, dt' + \gamma^2 \int_{\frac{T}{2}}^{T} \left(\hat{G}\, T - \hat{G}\, t' \right)^2 dt'\\
&= \gamma^2 \left[\frac{1}{3} \hat{G}^2 \, t'^3 \right]_0^{\frac{T}{2}} + \gamma^2 \left[\frac{1}{-3\hat{G}} (\hat{G}\, T - \hat{G}\, t')^3 \right]_{\frac{T}{2}}^{T}\\
&= \frac{1}{12} \gamma^2 \, \hat{G}^2 \, T^3 \quad .
\end{aligned}$$

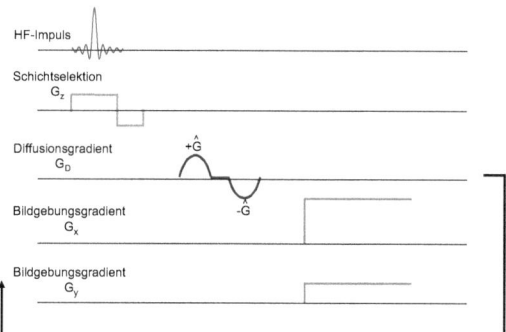

Abbildung 5.14: Die COMSPIRA-Sequenz mit Diffusionsgradienten

Aus zwei NMR-Aufnahmen, die mit zwei unterschiedlichen b-Werten b_0 und b_1 aber ansonsten identischen Aufnahme-Parametern erstellt wurden, kann aus dem zugehörigen NMR-Signal S_0 und S_1 der Diffusionskoeffizient D berechnet werden:

$$D = \frac{\ln(S_0/S_1)}{b_1 - b_0} \quad . \tag{5.97}$$

Auch im Falle einer eingeschränkten Diffusion, wenn beispielsweise die Diffusion durch eine räumliche Begrenzung eigeschränkt und nicht frei ist, kann D ein Maß für die Mobilität der ^{3}He-Atome sein. Um diesen Mobilitäts-Parameter vom echten Diffusionskoeffizienten zu unterscheiden, nennt man den Parameter D, wenn eine eingeschränkte Diffusion vorliegt, auch den *scheinbaren Diffusionskoeffizienten (engl. Apparent Diffusion Coefficient)* und kürzt ihn mit ADC ab.

Diffusionsmessungen mit COMSPIRA

Die Sequenz COMSPIRA erlaubt durch Zuschalten eines bipolaren Gradienten die Erstellung von diffusionsgewichteten MRT-Aufnahmen. In Abbildung 5.14 ist diese Sequenz skizziert. Der Diffusionsgradient wird unmittelbar nach dem Einstrahlen des magnetischen Hochfrequenzimpulses (HF-Impuls) und der Schichtselektion eingeschaltet. COMSPIRA setzt hier einen bipolaren Gradient mit Sinus-Profil ein, wie er in Abbildung 5.15 dargestellt ist. Frei wählbare Gradientenparameter sind die Amplitude $\hat{G}$, die Dauer einer Halbwelle t_D und der Zeitversatz Δt_D zwischen der positiven und der negativen Halbwelle. Die Dauer des Diffusionsgradienten nennt man die *Diffusionszeit* t_{Diff}. Aus Gleichung 5.95 und den Definitionen in der Abbildung 5.15 ergibt sich der b-Wert für den Sinus-förmigen Gradienten

5.3. DIFFUSIONSGEWICHTETE BILDGEBUNG

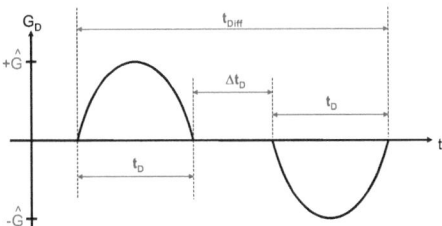

Abbildung 5.15: Bipolarer Diffusionsgradient mit Sinus-Profil
Der dephasierende und der rephasierende Teil des Diffusionsgradienten haben die Form einer sinusförmigen-Halbschwingung mit der jeweiligen Dauer t_D und sind um die Zeit Δt_D zueinander versetzt.

zu

$$b = \gamma^2 \hat{G}^2 \frac{t_D^2}{\pi^2} (3t_D + 4\Delta t_D) \quad . \tag{5.98}$$

Unmittelbar im Anschluss an den Diffusionsgradienten werden die Bildgebungsgradienten G_x und G_y eingeschaltet und das NMR-Signal aufgenommen, wie in der COMSPIRA-Sequenz ohne Diffusionsgewichtung (siehe Abbildung 5.9). Die COMSPIRA-Sequenzen mit und ohne Diffusionsgewichtung unterscheiden sich nur durch einen Diffusionsgradienten, der zwischen der HF-Anregung und den Bildgebungsgradienten platziert ist.

Um den Diffusionskoeffizienten zu berechnen, sind mindestens zwei MRT-Aufnahmen mit unterschiedlichen b-Werten notwendig. COMSPIRA nimmt die beiden Aufnahmen unmittelbar nacheinander *(sequenziell)* auf. Je höher der b-Wert der Aufnahme ist und je größer die Diffusion der Spins ist, umso stärker ist i.A. die Signalreduzierung durch den bipolaren Gradienten und umso signalärmer erscheint das Bild. Der große Nachteil der sequentiellen Methode besteht bei hyperpolarisierten Medien darin, dass in der jeweils nachfolgenden Aufnahme weniger Polarisation als in der vorhergehenden Aufnahme zu Verfügung steht. Der damit einhergehende Signalverlust überlagert die Diffusionsmessung und kann zu Fehlerinterpretationen führen.

Eine Alternative zur sequentiellen Aufnahme der diffusionsgewichteten Bilder ist die überlappende Aufnahme *(engl. interleaved)*. Hierbei werden die Bilder nahezu gleichzeitig und mit nur einem sehr geringen zeitlichen Versatz aufgenommen. In Abbildung 5.16 ist die *interleaved* Aufnahmetechnik der sequentiellen Aufnahmetechnik gegenübergestellt und erläutert. Die Polarisationsverluste werden jetzt gleichmäßig auf alle Aufnahmen verteilt, da die Aufnahmen quasi parallel aufgezeichnet werden. Dies ist ein großer Vorteil gegenüber der

88   KAPITEL 5. DIE MAGNETRESONANZTOMOGRAPHIE (MRT)

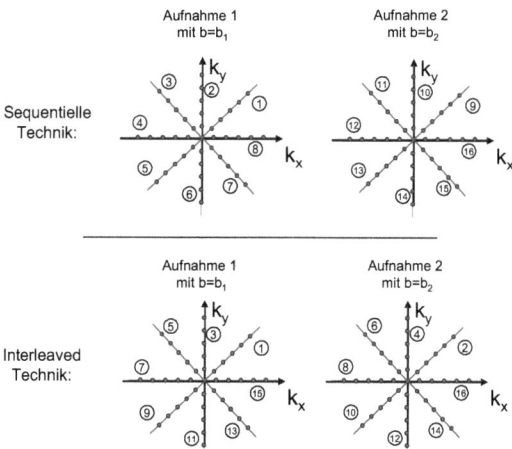

Abbildung 5.16: Die Interleaved-Aufnahmetechnik
Dargestellt ist die Erfassung des k-Raums zweier diffusionsgewichteter Aufnahmen (Aufnahme 1 und 2) mit der sequentiellen und der interleaved Technik. Die eingekreisten Nummern geben die zeitliche Abfolge an. Sequentielle Aufnahmetechnik: Die beiden diffusionsgewichteten Aufnahmen 1 und 2 werden nacheinander aufgenommen, zuerst die Aufnahme 1 und dann die Aufnahme 2. Interleaved-Aufnahmetechnik: Bei der Erfassung des k-Raums wird stetig zwischen den beiden Aufnahmen gewechselt, so wie es in dem unteren Teil der Abbildung angedeutet ist.

sequentiellen Aufnahmetechnik. Darum wurde bei allen im Rahmen dieser Dissertation mit COMSPIRA durchgeführten Diffusionsuntersuchungen die interleaved-Technik angewendet.

In Abbildung 5.17 sind beispielhaft zwei diffusionsgewichtete MRT-Aufnahmen einer mit ^{3}He-gefüllten Glaszelle dargestellt. Diese Zelle wurde unmittelbar vor der MRT-Aufnahme mit $0,33\ bar(abs.)$ ^{3}He und $0,67\ bar(abs.)$ SF_6 gefüllt. Bei Zimmertemperatur ist für diese Gasmischung im Diagramm 5.11 ein theoretischer ^{3}He-Diffusionskoeffizient $D_{theo} = 0,60\ \frac{cm^2}{s}$ zu entnehmen. Die beiden MRT-Aufnahmen wurden im interleaved Verfahren aufgenommen mit den b-Werten $b_1 = 0\ \frac{cm^2}{s}$ und $b_2 = 4,7\ \frac{cm^2}{s}$. Erwartungsgemäß ist wegen der unterschiedlichen b-Werte die Aufnahme 1 deutlich signalreicher als die Aufnahme 2.

Für jeden einzelnen Bildpunkt (x, y) der Aufnahme wurde anschließend der Diffusionskoef-

5.4. VORTEILE DER NIEDERFELD-MRT

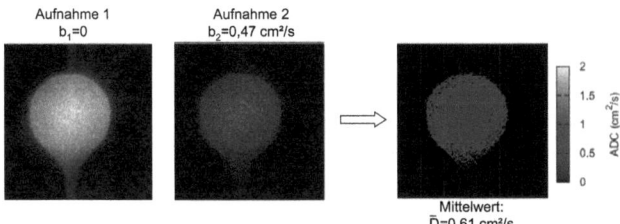

Abbildung 5.17: Messung des Diffusionskoeffizienten einer he-Gasmischung
Die Abbildung zeigt links und in der Mitte zwei diffusionsgewichtete MRT-Aufnahme einer kugelförmigen Glaszelle, die mit 0, 33 bar(abs.) ^{3}He und 0, 67 bar(abs.) SF_6 gefüllt ist. Aus den beiden Aufnahmen wurde anschließend für jeden Bildpunkt der Diffusionswert berechnet und in Form einer farbcodierten Karte dargestellt (rechtes Bild).

fizient D gemäß Formel 5.97 zu

$$D(x,y) = \frac{\ln \frac{S_1(x,y)}{S_2(x,y)}}{b_2 - b_1} \qquad (5.99)$$

berechnet und in Form einer farbkodierten Karte dargestellt. $S_1(x,y)$ bezeichnet dabei das Signal des Bildpunktes (x,y) in der Aufnahme 1 und $S_2(x,y)$ das Signal des Bildpunktes (x,y) in der Aufnahme 2. Der über alle signalführenden Bildpunkte der Karte gemittelte Diffusionskoeffizient beträgt $\bar{D} = 0,61\ cm^2/s$ und stimmt mit dem theoretisch zu erwartendem Wert $D_{theo} = 0,60\ \frac{cm^2}{s}$ sehr gut überein.

5.4 Vorteile der ^{3}He-MRT im Niederfeld gegenüber dem Hochfeld

5.4.1 Der Einfluss des Führungsfeldes auf die NMR-Signalqualität

Nach Gleichung 5.26 ist das NMR-Signal S proportional zur Transversalmagnetisierung M_{xy} und zur Larmorfrequenz ω_L. Die Transversalmagnetisierung M_{xy} ihrerseits ist für Boltzmann-polarisierte Kerne linear mit Polarisation und damit auch linear mit der Larmorfrequenz ω_L verknüpft (Gleichung 5.19), so dass insgesamt das NMR-Signal S quadratisch mit der Larmorfrequenz ω_L und damit quadratisch mit dem Führungsfeld B_0 ansteigt:

$$S \propto (\gamma \cdot B_0)^2 \quad . \qquad (5.100)$$

90 KAPITEL 5. DIE MAGNETRESONANZTOMOGRAPHIE (MRT)

Entscheidend für die Qualität von NMR-Aufnahmen ist jedoch nicht alleine die Höhe des NMR-Signals S, sondern das Verhältnis zwischen dem Signal S und dem Rauschen σ_n, welches dem Signal S überlagert ist. Dieses Verhältnis wird *Signal-to-Noise-Ratio* (SNR)

$$SNR = S/\sigma_n \qquad (5.101)$$

genannt. In der MRT dominiert das thermische Rauschen durch die Empfängerspule. Es wird durch die Relation [Haa99]

$$\sigma_n = \sqrt{4kT \cdot R_{eff} \cdot BW} \qquad (5.102)$$

beschrieben. Hierbei sind k die Boltzmann-Konstante, T die Temperatur der HF-Empfängerspule und R_{eff} ihr effektiver Widerstand. Die Frequenz-Bandbreite BW ist durch den Tiefpassfilter der NMR-Elektronik vorgegeben. Nach Gleichung 5.102 ist einerseits eine möglichst geringe Bandbreite BW des Tiefpasses wünschenswert, um das Rauschen einzuschränken. Andererseits muss die Bandbreite BW des Filters ausreichend groß sein, um das Nutzsignal nicht herauszufiltern. Ein üblicher Kompromiss aus beiden Anforderungen besteht darin, die Bandbreite BW an die jeweilige sampling rate f anzupassen und $BW = \frac{1}{f}$ zu wählen [Haa99]. Der effektive Widerstand R_{eff} setzt sich aus dem Ohmschen, kapazitiven und induktiven Widerstand der Empfängerspule und der Spulenbeladung (hier: das Versuchstier) zusammen. Grundsätzlich steigt der effektive Widerstand der Spule mit zunehmender Larmorfrequenz (und damit auch mit zunehmender Feldstärke $B_0 = \frac{\omega_L}{\gamma}$). Dabei sind jedoch zwei Fälle zu trennen: Bei niedrigen Larmorfrequenzen ω_L wird R_{eff} maßgeblich durch den elektrischen Widerstand der HF-Spule bestimmt. Nach [Haa99] gilt für diesen Fall:

$$R_{eff} \sim \sqrt{\omega_0} = \sqrt{\gamma \cdot B_0} \quad . \qquad (5.103)$$

Der effektive Widerstand steigt mit der Wurzel des Führungsfeldes B_0 an. Mit zunehmendem Führungsfeld jedoch verändert sich die Situation. Jetzt dominiert zunehmend der Widerstand der Spulenbeladung. Ab einer Grenzfrequenz ω_g, die von der HF-Spule und von ihrer Beladung abhängt, steigt jetzt R_{eff} quadratisch mit der Larmorfrequenz an [Haa99]

$$R_{eff} \sim \omega_0^2 = \gamma^2 \cdot B_0^2 \quad . \qquad (5.104)$$

Damit lässt sich die Abhängigkeit des thermischen Rauschens σ_n vom Führungsfeld zusammenfassend wie folgt ausdrücken:

$$\sigma_n = \sqrt{4kT \cdot R_{eff} \cdot BW} \sim \begin{cases} \sqrt[4]{B_0} & \omega_L \ll \omega_g \\ B & \omega_L \gg \omega_g \end{cases} \qquad (5.105)$$

Betrachten wir wieder eine Probe mit Boltzmann-polarisierten Kernen, dann ergibt sich aus 5.105 für das SNR:

$$SNR = \frac{S}{\sigma_n} \sim \begin{cases} \frac{B_0^2}{\sqrt[4]{B_0}} = B_0^{\frac{7}{4}} & \omega_L \ll \omega_g \\ \frac{B_0^2}{B_0} = B_0 & \omega_L \gg \omega_g \end{cases} \qquad (5.106)$$

5.4. VORTEILE DER NIEDERFELD-MRT

Für Boltzmann-polarisierte Kerne nimmt das SNR bei niedrigen und mittleren Führungsfeldern überproportional mit dem Führungsfeld zu. In hohen Führungsfeldern hingegen schwächt sich der Zuwachs ab, aber das SNR steigt weiterhin mit dem Führungsfeld an. Überträgt man diese Überlegungen auf die MRT mit hyperpolarisierten Medien, dann muss folgender zentraler Unterschied beachtet werden: Hyperpolarisierte Stoffe zeichnen sich dadurch aus, dass ihre Magnetisierung M unabhängig vom Führungsfeld ist und nur vom erreichten Polarisationsgrad abhängt. Darum steigt das NMR-Signal für hyperpolarisierte Proben folglich nur linear und nicht quadratisch mit dem Führungsfeld B_0 an:

$$S \sim \omega = \gamma \cdot B_0 \quad . \tag{5.107}$$

Letztlich ergibt sich damit für hyperpolarisierte Kerne ein SNR zu:

$$SNR\,(^3He) = \frac{S}{\sigma_n} \sim \begin{cases} \frac{B_0}{\sqrt[4]{B_0}} = B_0^{\frac{3}{4}} & \omega_L \ll \omega_g \\ \frac{B_0}{B_0} = const. & \omega_L \gg \omega_g \end{cases} \tag{5.108}$$

Für niedrige und mittlere Führungsfelder ($\omega_L < \omega_g$) steigt das SNR mit dem Führungsfeld

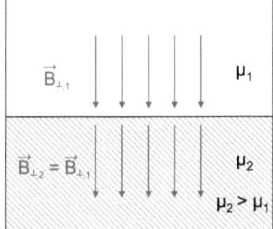
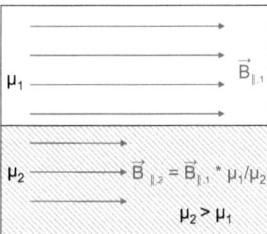

Abbildung 5.18: Einfluss von Permeabilitätssprüngen auf das B-Feld
An der Grenzfläche zweier Materialien mit unterschiedlichen Permeabilitäten μ_1 und μ_2 verläuft die Normalkomponente $B_\perp$ des Führungsfeldes B stetig (linke Abbildung). Die Parallelkomponente $B_\parallel$ hingegen macht an der Grenzfläche einen Sprung, sinkt auf den $\frac{\mu_1}{\mu_2}$-ten Teil ab und verursacht an der Grenzfläche einen Feldgradienten.

B_0 an. Oberhalb der Grenzfrequenz ω_g führt jetzt der weitere Anstieg des Führungsfeldes zu keiner weiteren Zunahme des SNR. Darum ist für ein optimiertes SNR ein sehr hohes Führungsfeld nicht von Vorteil. Insbesondere erweist sich das Hochfeld bei MRT-Aufnahme

92 KAPITEL 5. DIE MAGNETRESONANZTOMOGRAPHIE (MRT)

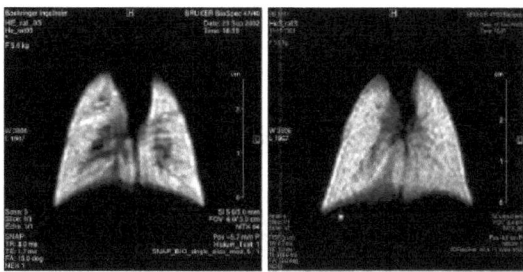

Abbildung 5.19: In-vivo Aufnahmen zweier Rattenlungen bei 4,7 T und 0,47 T
Die beiden in vivo MRT-Aufnahmen zeigen beispielhaft die Lunge zweier Ratten, aufgenommen bei einem Führungsfeld $B_0 = 4,7$ T (links) und $B = 0,47$ T (rechts). Beide Aufnahmen wurden mit einer Gradientenecho-Sequenz durchgeführt. In der linken Hochfeldaufnahme erkennt man im zentralen Lungenbereich eine deutliche Signalauslöschung. Da sie bei der Niederfeldaufnahme fast völlig verschwinden werden diese Artefakte auf eine suszeptibilitätsbedingte Signalauslöschung zurückgeführt. Bildparameter linke Aufnahme (4,7 T): FOV = 6,0 mm x 5,0 mm, Schichtdicke=5,0 mm, Auflösung: 64 x 64. Bildparameter rechte Aufnahme (0,47 T): Field of View = 6,4 mm x 6,4 mm; Auflösung = 96 x 96 Bildpunkte

von Objekten mit einer sehr heterogenen Struktur gerade als besonders nachteilig. Treffen in dem Objekt Materialien aufeinander, deren magnetische Suszeptibilitäten χ sich sehr stark unterscheiden, dann bilden sich an den Grenzflächen der Materialien magnetische Feldgradienten, die lokal zu einer schnelleren Dephasierung der Spins und damit zu einem Einbruch der transversalen Relaxationszeit T_2^* führen (siehe Abbildung 5.18). Dieser Effekt ist für die Lunge von besonderer Relevanz, da sie mikroskopisch betrachtet ein sehr heterogenes Gebilde ist mit einer großen Grenzfläche zwischen dem durchbluteten Alveolargewebe auf der einen Seite und der Atemluft auf der anderen Seite. Das magnetisches Führungsfeld $\vec{B}_0$, das parallel zur Grenzfläche Luft/Alveolargewebe verläuft, sinkt beim Übergang von der Atemluft in das Alveolargewebe auf den Betrag B_0'

$$B_0' = \frac{\mu_{Luft}}{\mu_{Gewebe}} \cdot B_0 \qquad (5.109)$$

$$= \frac{1 + \chi_{Luft}}{1 + \chi_{Gewebe}} \cdot B_0 \qquad (5.110)$$

(hier sei μ_{Luft} die Permeabilität der Atemluft in der Lunge und μ_{Gewebe} die Permeabilität des blutdurchflossenen Lungengewebes). An der Grenzfläche ergibt sich ein Stetigkeitssprung

5.4. VORTEILE DER NIEDERFELD-MRT

des Magnetfeldes von ΔB

$$\Delta B = B_0 - B_0' = (1 - \frac{1 + \chi_{Luft}}{1 + \chi_{Gewebe}}) \cdot B_0, \tag{5.111}$$

der proportional zum Führungsfeld B_0 ist. Dieser Feldeinbruch ΔB verursacht einen Gradienten, der die T_2^*-Zeit verkürzt und lokal zu Signaleinbußen führt. Während die Atemluft paramagnetisch ist ($\chi_{Luft} = +0,18 \cdot 10^{-6}$), hat das blutdurchflossene Gewebe einen diamagnetischen Charakter [Vig05]. Die Suszeptibilität des Gewebes variiert zwischen $\chi_{Gewebe} = -8,82 \cdot 10^{-6}$ und $\chi_{Gewebe} = -9,12 \cdot 10^{-6}$ in Abhängigkeit von der Durchblutung des Gewebes und vom Sauerstoffgehalt des Blutes. Eine Kompensation des Suszeptibilitätsunterschiedes an der Luft/Gewebe-Grenzfläche gelang erstmals an einem lebenden Tier in [Vig05]. Dort wurden dem Tier eine optimierte Konzentration paramagnetischer Nanopartikel in in das Blut injeziert und so die Suszeptibilität des Gewebes an die Suszeptibilität der Atemluft angepasst.

In Kooperation mit der Boehringer Ingelheim Pharma GmbH und der Bruker BioSpin MRI GmbH (Ettlingen) wurde versuchsweise an einem Standard-Protonen-Kleintiertomographen (BioSpec 47/40) das Führungsfeld von ursprünglich $4,7\,T$ auf $0,47\,T$ herabgesenkt. Das Ziel war es, ein speziell für die ^{3}He-MRT vorteilhaftes Niederfeldsystem für routinemäßige in vivo MRT-Aufnahmen von Rattenlungen zur Verfügung zu stellen. Das Absenken des Führungsfeldes auf 1/10-tel der Ausgangsfeldstärke orientierte sich dabei an folgenden Randbedingungen: Die Feldabsenkung sollte um mindestens eine Größenordnung erfolgen, um im Niederfeld den störenden Einfluss der Suszeptibilitätssprünge in der Lunge und das thermische Rauschen deutlich zu reduzieren. Gleichzeitig sollte das Magnetfeld noch ausreichend hoch sein, um Protonen-MRT an den Tieren durchführen zu können. Damit wäre sowohl die ^{3}He-MRT der Lunge als auch die Protonen-MRT von ein und demselben Tier möglich, ohne das Tier aufwändig vom Niederfeld- in den Hochfeldtomographen umzubetten. Die ersten ^{3}He-MRT-Aufnahmen mit dem 0,47 T Niederfeldtomographen sind im nächsten Abschnitt dargestellt.

5.4.2 In-vivo MRT-Aufnahmen im Hoch-und Niederfeld

In der Abbildung 5.19 sind beispielhaft zwei in-vivo ^{3}He-MRT-Aufnahmen von zwei gesunden Laborratten dargestellt. Die linke Aufnahme entstand in einem Bruker Bisopin 47/40 bei einem Führungsfeld von 4,7 T und die rechte Aufnahme wurde im 0,47 T-Niederfeldtomographen aufgenommen. In beiden Aufnahmen kam eine vergleichbare Gradientenecho-Sequenz zum Einsatz. In der Hochfeld-Aufnahme ist eine starke Signalauslöschung im Zentralbereich der Lunge zu erkennen. Zusätzlich wirkt die Signalverteilung in der Hochfeldaufnahme deutlich inhomogener als in der Niederfeldaufnahme. Als Ursache dafür sind die großen Suszeptibilitätsunterschiede in der unmittelbaren Nähe der großen Lungenblutgefäße zu nennen. Besonders deutlich treten die Qualitätsunterschiede zwischen den Aufnahmen aus dem Hoch- und Niederfeld in den ADC-Karten hervor, wie sie exemplarisch in der Abbildung 5.20 dargestellt sind. Diese Abbildungen zeigen erstmals die in-vivo ADC-Karten von ein und derselben Laborratte im Hoch- und Niederfeld, wobei die linke ADC-Karte im Hochfeld (B=4,7 T) und die rechte Aufnahme einige Stunden später im Niederfeld (B=0,47 T) mit der COMSPIRA-Sequenz aufgenommen wurde.

94 KAPITEL 5. DIE MAGNETRESONANZTOMOGRAPHIE (MRT)

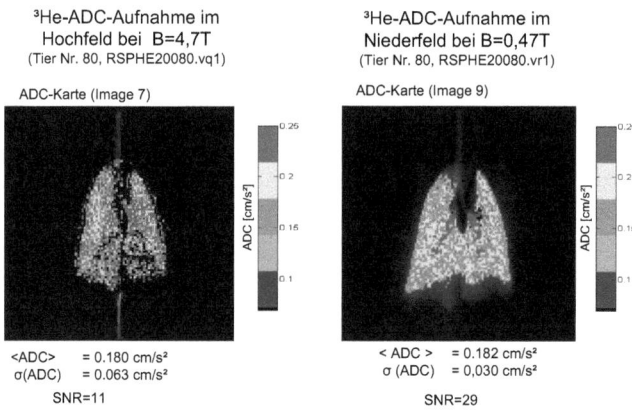

Abbildung 5.20: ADC-Aufnahmen bei 4,7 T und 0,47 T
Die beiden Abbildungen zeigen die jeweils aus einer Aufnahmenserie berechnete ADC-Karte von ein und derselben Laborratte bei einer Feldstärke von 4,7 T (links) und 0,47 T (rechts). Die beiden farbigen ADC-Karten wurden jeweils aus 4 Aufnahmen mit unterschiedlichen b-Werten berechnet (Hochfeld: 0,05 $\frac{s}{cm^2}$; 0,68 $\frac{s}{cm^2}$; 2,03 $\frac{s}{cm^2}$; 4,10 $\frac{s}{cm^2}$; Niederfeld: 0,05 $\frac{s}{cm^2}$; 0,71 $\frac{s}{cm^2}$; 2,11 $\frac{s}{cm^2}$; 4,26 $\frac{s}{cm^2}$). Aufnahmeparameter: COMSPIRA; Field of View (FOV) = 80mm x 80mm; Size 128 x 128; 4 Aufnahmen (interleaved), Repetition Time TR = 6 ms bei 4,7 T und TR=10 ms bei 0,47 T; Signal-to-Noise im Hochfeld: SNR(b=0,05 $\frac{s}{cm^2}$)=11; Signal-to-Noise im Niederfeld: SNR(b=0,05 $\frac{s}{cm^2}$)=29.

Der ³He-Polarisationsgrad war in beiden Aufnahmen nahezu identisch und der Druck in der Lunge betrug in beiden Aufnahmen +15 mbar über dem Umgebungsdruck. Der ADC-Wert wurde jeweils aus einer Serie von 4 diffusionsgewichteten Aufnahmen (interleaved-Technik) berechnet. In der ADC-Karte der Niederfeld-Aufnahme lassen sich die Lungenstrukturen klar und deutlich erkennen, so z.B. die großen Luftgefäße (rot) im Zentrum der Lunge. Ein begrenzter Bereich mit einem vergleichsweise niedrigen ADC-Wert lässt sich im oberen linken Bereich der Lungenaufnahme orten und kann ein Hinweis auf eine Lungenschädigung sein. Im Vergleich zur Niederfeldaufnahme wirkt die ADC-Karte im Hochfeld sehr verrauscht und die Lungenstrukturen sind kaum auszumachen. Mittelt man über die komplette Lunge den ADC-Wert, dann erhält man für die Hochfeldaufnahme einen ADC von $\langle ADC \rangle = 0,180\ cm^2/s$ und für die Niederfeldaufnahme einen ADC von $\langle ADC \rangle = 0,182\ cm^2/s$. Der ADC-Mittelwert unterscheidet sich kaum zwischen beiden Aufnahmen. Die Unterschiede treten sehr stark in der Streuung der ADC-Werte auf. So beträgt die Standardabweichung der ADC-Werte im Niederfeld $\sigma = 0,030 cm^2/s$ und steigt im Hochfeld mit $\sigma = 0,063 cm^2/s$ auf mehr als das Doppelte.

5.4. VORTEILE DER NIEDERFELD-MRT

In der Abbildung 5.21 ist ein von [Gud95] vorgeschlagenes Verfahren zur Abschätzung des SNR aus MRT-Aufnahmen dargestellt. Wendet man dieses Verfahren auf die MRT-Aufnahmen an, dann ergibt sich für die Niederfeldaufnahme ein SNR von 29 und für die Hochfeldaufnahme ein deutlich schlechteres SNR von 11. In den Niederfeldaufnahme erreicht man unter ansonsten vergleichbaren Bedingungen ein fast dreimal größeres SNR als im Hochfeld!
Zusammenfassend lässt sich damit sagen, dass erwartungsgemäß für MRT-Aufnahmen das Niederfeld wegen der signifikant besseren Signal- und Bildqualität dem Hochfeld vorzuziehen ist. Darum wurde in den weiteren Untersuchungen die ^{3}He-MRT-Aufnahmen im 0,47 T Niederfeld durchgeführt.

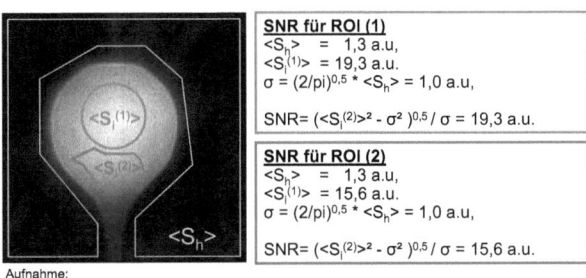

Aufnahme:
RSPHE 30120,Scan 6, Bild 1 (ComSpiRa)

Abbildung 5.21: Bestimmung des SNR in Magnitudenaufnahmen
Diese Abbildung illustriert das Berechnungsverfahren, welches in [Gud95] zur Bestimmung des SNR in Magnitudenaufnahmen vorgeschlagen wird. Dargestellt ist die NMR-Aufnahme einer mit hyperpolarisiertem ^{3}He gefüllten Phantomkugel, aufgenommen bei einem Führungsfeld von 0,47 T. Das Rauschen σ_n der NMR-Aufnahme wird in [Gud95] aus der mittlere Intensität $\langle S_h \rangle$ des Hintergrundes zu $\sigma_n = \sqrt{\frac{2}{\pi}} \cdot \langle S_h \rangle$ (gelb umrandete Fläche) abgeschätzt. Um das 'wahre' Signal S eines ROIs innerhalb der Aufnahme zu erhalten, berechnet er zunächst das über das ausgewählte ROI gemittelte Signal $\langle S_i \rangle$ (rot bzw. grün umrandete Fläche). Da das Rauschen gleichmäßig über die gesamte Aufnahme verteilt ist (d.h. auch in signalführenden Bereichen), korrigiert er $\langle S_i \rangle$ anschließend um den Beitrag des Rauschens σ_n und erhält das 'wahre' Signal S zu $S = \sqrt{\langle S_I \rangle^2 - \sigma_n^2}$. Diese Näherung gilt nur unter der Voraussetzungen, dass $S/\sigma_n \geq 2$ und das es sich um eine Magnitudenaufnahme handelt. Schließlich ergibt sich das SNR zu $SNR = \frac{S}{\sigma_n} = \frac{\sqrt{\langle S_I \rangle^2 - \sigma_n^2}}{\sigma_n}$.

Kapitel 6

In-Vivo Untersuchungen der Lunge im Niederfeld

Dieses Kapitel beschreibt die ^{3}He-MRT-Untersuchungen, welche mit dem in Kapitel 4 beschriebenen Applikationssystem am 0,47 T-Niederfeldtomographen bei der Firma Boehringer Ingelheim in Biberach durchgeführt wurden. Die tierschutzrechtliche Genehmigung zur Durchführung der Experimente wurde durch das Regierungspräsidium Tübingen erteilt.

6.1 Experimenteller Aufbau und Tierpräparation

6.1.1 Der Versuchsaufbau am Niederfeldtomographen

In Abbildung 6.1 ist die Position des ^{3}He-Applikators am 0,47 T-Niederfeldtomographen bei der Firma Boehringer Ingelheim in Biberach skizziert. Der gesamte Arbeitsbereich am Tomographen verteilt sich auf drei benachbarte Räume. In einem Raum (I) finden alle tiermedizinischen Vor- und Nachbereitungen statt. Dazu gehört die Einleitung der Narkose, die Intubation und das kontrollierte Aufwachen des Versuchstieres nach der MRT-Aufnahme. In einem Nachbarraum (II) befinden sich der Niederfeldtomograph und der Applikator. Die Steuerung des Tomographen und des Applikators geschieht aus dem Raum (III) durch einen Operator. Die μ-Metall-Abschirmbox, in der die ^{3}He-Transportzelle für die Dauer der Untersuchungen gelagert wird, steht im Tomographenraum rund 2 m vor dem Niederfeldtomographen. Eine 2,5 m lange Kapillarleitung mit einem Innendurchmesser von 1 mm führt von der Abschirmbox zur Tierliege, auf der das Versuchstier für die Dauer der MRT-Untersuchung fixiert ist. Über die Kapillarleitung strömt das hyperpolarisierte ^{3}He von der Transportzelle zum Zwischenspeicher, der zusammen mit dem Atemventil auf der Tierliege befestigt ist. Während der MRT-Aufnahmen befindet sich die Tierliege im Tomographen. Zwischen zwei MRT-Aufnahmen vergehen häufig mehrere Minuten, in denen die ^{3}He-Reste im Zwischenspeicher und vor allem in der Kapillarleitung nach und nach depolarisieren. Um beim Neubefüllen des Zwischenspeichers eine Vermischung des ^{3}He aus der Speicherzelle mit einem hohen Polarisationsgrad und den depolarisierten Gasresten im Zwischenspeicher zu vermeiden, werden vor jeder neuen Messung der Zwischenspeicher und die Kapillare über

6.1. EXPERIMENTELLER AUFBAU UND TIERPRÄPARATION

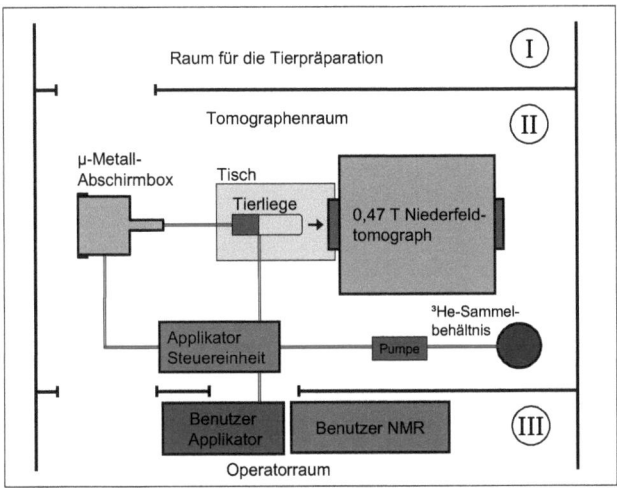

Abbildung 6.1: Der experimentelle Aufbau
Die Abbildung zeigt schematische den experimentellen Aufbau am Niederfeldtomographen bei der Firma Boehringer Ingelheim in Biberach. Alle Komponenten des Applikators sind blau gezeichnet.

eine einfache Labor-Membranpumpe bis auf wenige Millibar evakuiert und das ^{3}He in einem 30 l-fassenden und heliumdichten Gefäß gesammelt. Dieses ^{3}He kann wieder in einem Recyclingprozess gereinigt werden und steht für einen neuen Aufpolarisationsprozess zur Verfügung [Gro00].

6.1.2 Die Tierpräparation

Alle Tieruntersuchungen im Rahmen dieser Dissertation wurden mit Wister-Ratten durchgeführt. Die Tierpräparation erfolgte in zwei Schritten: Zunächst wurde das Versuchstier narkotisiert und anschließend wurde der Beatmungsschlauch durch den Mund in die Luftröhre (endotracheale Intubation) geführt. Durch eine intraperitoneale (von *lat. peritoneum* für Bauchfell) Injektion von 500 μg pro kg Körpergewicht eines Pentobarbital (Narcoren, Veterinaria AG, Schweiz) wurde die Narkose beim Versuchstier eingeleitet. Nach etwa 15 min befand sich das Versuchstier in einer tiefen Narkose. Anschließend wurde mittels eines Endoskops ein Tubus durch den Mund, den Rachen und den Kehlkopf in die Trachea eingeführt. 2 Tubus-Größen standen zur Auswahl: *Vygonyle S* mit einem Durchmesser von 2,6 mm und *Intraflon 2* mit einem Durchmesser von 2,4 mm, beide von der Firma Vygon (Frankreich). Über diesen Tubus erfolgte die Beatmung des Tieres.

98 KAPITEL 6. IN-VIVO UNTERSUCHUNGEN DER LUNGE IM NIEDERFELD

6.1.3 Tierbeatmung und ^{3}He-Applikation

Sobald die Tierpräparation abgeschlossen war, wurde das Versuchstier in den Tomographenraum gebracht, auf der Tierliege fixiert und der Tubus über das Atemventil an den Applikator angeschlossen. Die Beatmung des Versuchstiers erfolgte ab diesem Zeitpunkt durch den Applikator. Die Abbildung 6.2 zeigt ein intubiertes Tier, das sich auf der Tierliege befindet und an welches das Atemventil angeschlossen ist. Ein unterwiesener Mitarbeiter überwachte die Tieratmung am Applikator und steuerte die Beatmungsparameter wie beispielsweise die Atemfrequenz und den Atemdruck [1]. Erst wenn die Tierbeatmung stabil verlief, wurde die Tierliege mitsamt dem Versuchstier, dem Zwischenspeicher und dem Atemventil über eine Führungsschiene in den Tomographen geschoben. Ein eigens entwickeltes elektromechanisches Positionierungssystem vereinfachte die genaue und reproduzierbare Positionierung des Tieres im Zentrum des Tomographen.

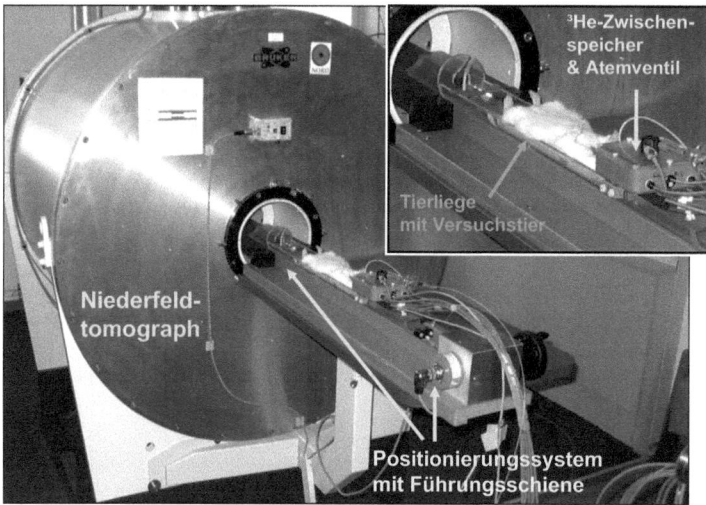

Abbildung 6.2: Versuchsanordnung am Niederfeldtomographen

Die Beatmung des Tieres mit Luft erfolgte standardmäßig mit einer Atemfrequenz von ca. 60 Atemzyklen pro Minute. Die Öffnungszeiten von Inspirations- und Exspirationsventil sowie der Druck in der Atemluftzuleitung wurden vom Benutzer so gewählt, dass am Ende der Inspirationsphase der gewünschte Atemdruck erreicht wurde, je nach Messprotokoll zwischen 5 mbar und 25 mbar. Um ein Kollabieren der Lunge am Ende der Exspirationsphase

---

[1] Der Atemdruck (Inspirationsdruck) entspricht dabei der Druckdifferenz zwischen der Umgebungsluft und der Luft im Inneren der Lunge. Er wird am Drucksensor M4 gemessen (Abbildung 4.3 auf Seite 37).

zu verhindern, sollte am Ende der Exspirationsphase der Atemdruck nicht unter 2 mbar fallen.
Die ^{3}He-Aufnahmen wurden während eines erzwungenen Atemstillstands durchgeführt, der einige Sekunden dauerte. Sobald genügend ^{3}He aus dem Zwischenspeicher appliziert wurde, wird durch den Applikator der Atemstillstand eingeleitet und ein Triggersignal vom Applikator an den Tomographen gesandt. Der Tomograph startete umgehend die Aufnahme. Um zum Zeitpunkt der MRT-Aufnahme möglichst viel signalgebendes ^{3}He in der Lunge zu haben und um den paramagnetischen Sauerstoff aus der Lunge zu waschen, wurde die Tierlunge vor einer MRT-Aufnahme mehrmals mit hyperpolarisiertem ^{3}He aus dem ^{3}He-Zwischenspeicher gespült (zwischen 1 und 5 vollständigen Atemzyklen). Die Abbildung 6.3 zeigt den typischen Verlauf einer Atemkurve bei der Beatmung mit Luft, dem Spülen mit ^{3}He und bei der ^{3}He-Applikation mit anschließendem Atemstillstand.

6.2 Morphologische Aufnahmen

In einer ersten Versuchsreihe wurden zunächst im Niederfeld einfache morphologische Lungenaufnahmen von gesunden Versuchstieren unter Verwendung von COMSPIRA erstellt. Unter morphologischen MRT-Aufnahmen versteht man hochauflösende statische Bilder der gasgefüllten Lunge, welche während des Atemstillstands aufgenommen werden. In Abbildung 6.4 ist exemplarisch aus der aufgenommenen Versuchsreihe eine repräsentative Lungenaufnahme gezeigt (Tier RSPHE30080). Die hohe Auflösung und die sehr gute Qualität der Aufnahmen lassen Strukturen wie die Trachea sowie die Hauptbronchien erkennen. Ebenso ist in der Aufnahme der rechte und der linke Lungenflügel klar voneinander zu trennen. Die homogene Signalverteilung deutet insgesamt auf eine gleichmäßige Lungenventilation hin, da das eingeatmete ^{3}He gleichmäßig in alle Lungenbereiche vordringt. Die morphologischen Aufnahmen haben generell eine sehr gute Qualität.
Als Bereiche mit Ventilationsdefekten bezeichnet man diejenigen Stellen der Lunge, die von der Versorgung mit frischer Atemluft nahezu oder komplett ausgeschlossen sind. Ventilationsdefekte stellen eine Fehlfunktion der Lunge dar und können eine Vielzahl von Ursachen haben. In morphologischen Aufnahmen heben sie sich von den restlichen gesunden Lungenbereichen als dunkle Stellen ab. In einer Versuchsreihe wurde überprüft, ob mit dem Versuchsaufbau und dem Messprotokoll Ventilationsdefekte in der Lunge dargestellt werden können.
Ventilationsdefekte in der Lunge können temporär auf einfache Art und Weise beispielsweise durch eine intravenöse Injektion von Metacholin bewusst herbeigeführt werden. Die Verabreichung von Metacholin induziert eine Verkrampfung der Bronchialmuskulatur. Dadurch verengen sich die Atemwege mit der Konsequenz, dass der Atemwiderstand ansteigt, insgesamt beim Einatmen weniger Luft in die Lunge gelangt und einzelne Lungenbereiche von der Versorgung mit Atemluft ausgeschlossen werden [Pet96], [Ing93]. Nach kurzer Zeit lässt die Wirkung des Metacholins nach, die Verkrampfung löst sich und die Versorgung der kompletten Lunge mit Luft ist wieder hergestellt. Für diese Versuchsreihe standen 5 gesunde Tiere zur Verfügung (RSPHE30170-RSPHE30174). Vor und nach der venösen Metacholin-Injektion (0,08 mg Metacholin pro 1 kg Körpergewicht) wurde jeweils eine morphologische

100 KAPITEL 6. IN-VIVO UNTERSUCHUNGEN DER LUNGE IM NIEDERFELD

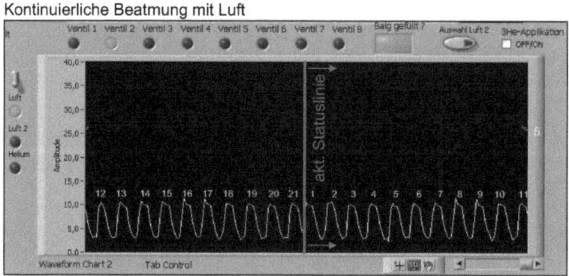

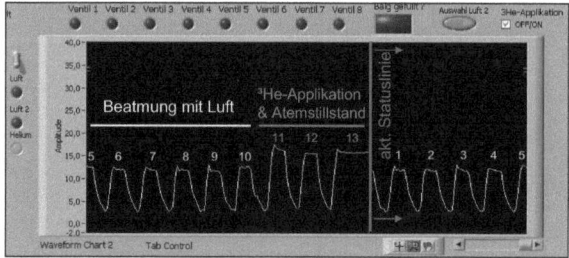

Abbildung 6.3: Verlauf der Atemdruckkurven

Die beiden Abbildungen zeigen beispielhaft den Verlauf des Atemdrucks bei einer kontinuierlichen Beatmung der narkotisierten Ratte mit Luft (oben) und bei einer ^{3}He-Applikation (unten), wie es das Steuerprogramm des Applikators auf dem Bildschirm darstellt. Die einzelnen Atemzyklen sind zum besseren Verständnis in einer chronologischen Reihenfolge durchnummeriert. Der jeweils aktuelle Zeitpunkt ist durch die rote Statuslinie gekennzeichnet. Sie wandert kontinuierlich von links nach rechts und überschreibt die alten Werte. In der oberen Abbildung wird die Ratte kontinuierlich mit einem maximalen Atemdruck von etwa 10 mbar mit Luft beatmet. In der unteren Abbildung erfolgte die Beatmung mit Luft im 1. bis 10. Atemzyklus bei einem Druck von 12 mbar. Im 11., 12. und 13. Atemzyklus wurde die Lunge mit ^{3}He bei einem Atemdruck von 16 mbar gespült, bevor am Ende der Inspirationsphase im 13. Zyklus der Atemstillstand erzwungen wurde.

Aufnahme der Lunge erstellt. Schon wenige Sekunden nach der Metacholin-Verabreichung setzte die Verkrampfung der Lunge ein. Dabei stieg der Atemwiderstand kurzzeitig so stark an, dass die Tierbeatmung zum Erliegen kam. Erst nach einer knappen Minute lösten sich die Krämpfe und die Tierbeatmung durch den Applikator verlief wieder normal. In der Abbildung 6.5 ist eine repräsentative morphologische Aufnahme vor der Metacholin-Applikation

6.3. BESTIMMUNG DES ³HE-DIFFUSIONSKOEFFIZIENTEN IN DER LUNGE

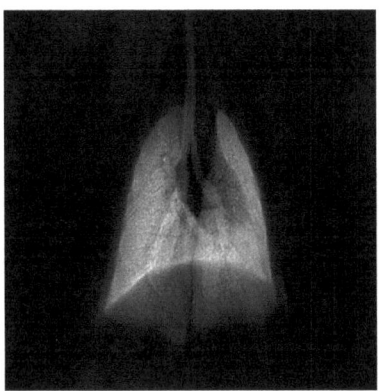

Abbildung 6.4: Morphologische Aufnahme einer Lunge
Dargestellt ist die MRT-Aufnamhe einer gesunden Lunge (Tier RSHE30080, Scan 11), aufgenommen mit der 2d-COMSPIRA-Sequenz. Der Atemdruck während der Apnoe betrug 21 mbar. COMSPIRA-Aufnahmeparameter: FOV=80mm x 80mm, 256 Pixel x 256 Pixel, Aufnahmedauer = 4 s, ohne Schichtselektion (Projektionsaufnahme).

sowie jeweils eine Minute und drei Minuten nach der Metacholin-Applikation dargestellt. Die geringe Signalintensität in der Aufnahme nach einer Minute sowie die vielen dunklen Bereiche innerhalb der der Lunge (das komplette obere Drittel des linken Lungenflügels ist nicht sichtbar) zeigen, dass die Ventilationsdefekte zu diesem Zeitpunkt noch massiv ausgeprägt waren. Wie die nächste Aufnahme zeigt, fallen die Ventilationsdefekte nach 3 Minuten zwar geringer aus, sind aber immer noch deutlich zu erkennen.
Zusammenfassend sind an dieser Stelle zwei wichtige Punkte festzuhalten: Zum einen sind der Versuchsaufbau (Applikationssystem und Niederfeldtomograph) sowie das Messprotokoll (Tierpräparation, Beatmung, COMSPIRA-Sequenz) dazu geeignet, morphologische Lungenaufnahmen in einer reproduzierbar hohen Qualität aufzunehmen. Zum anderen können in den morphologischen Aufnahmen Ventilationsdefekte zweifelsfrei sichtbar gemacht werden.

6.3 Bestimmung des ³He-Diffusionskoeffizienten in der Tierlunge

Die im vorherigen Abschnitt beschriebenen morphologischen Lungenaufnahmen sind ein statisches und makroskopisches Abbild der Lunge. Mikroskopische Veränderungen der Lunge z. B. im Alveolarbereich können damit nicht direkt nachgewiesen werden, da die einzelne Alveole mit einem mittleren Durchmesser von 50 μm für dieses Abbildungsverfahren zu fein ist. Jedoch sind in einem frühen Stadium einiger Lungenerkrankungen (wie beispielsweise die

102 KAPITEL 6. IN-VIVO UNTERSUCHUNGEN DER LUNGE IM NIEDERFELD

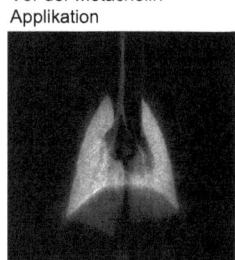
Vor der Metacholin-Applikation

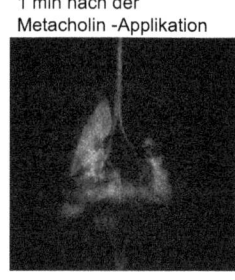
1 min nach der Metacholin-Applikation

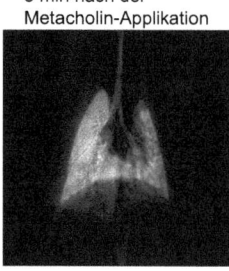
3 min nach der Metacholin-Applikation

Abbildung 6.5: Lungenventilation vor und nach einer Metacholingabe
Dargestellt sind jeweils morphologische Lungenaufnahmen vor und nach einer intravenösen injektion von Metacholin. Die Aufnahmen wurden jeweils mit der COMSPIRA-Sequenz bei einem Atemdruck von 20 mbar erstellt. COMSPIRA-Aufnahmeparameter: FOV=80mm x 80mm, Auflösung= 256 Pixel x 256 Pixel, Aufnahmedauer = 4 Sekunden

COPD) die Geometrien der Alveolen bereits stark verändert. Es wäre wünschenswert, solche Veränderungen bereits sehr früh mittels MRT zu erkennen und zu bewerten. Es bestünde darüber hinaus die Möglichkeit, eine eingeleitete Therapie hinsichtlich ihres Erfolges mittels MRT zu verfolgen.

Eine vielversprechende Methode zur Untersuchung der Alveolarstruktur der Lunge ist die Messung des ^{3}He-Diffusionskoeffizienten in der Lunge. Dieses Verfahren wurde bereits in Kapitel 5.3.2 erläutert. Für den Fall einer freien d.h. ungehinderten Diffusion beschreibt Gleichung 5.94 den NMR-Signalverlauf:

$$S = S_0 e^{-D \cdot b} \quad .$$

Auch bei einer eingeschränkten Diffusion, wie innerhalb der Lunge, ist der Parameter D ein Maß für die Mobilität der ^{3}He-Atome. Zur Unterscheidung zur Diffusionskonstanten D bezeichnet man in diesem Fall den Koeffizienten als „Apparent Diffusion Coefficient" (ADC, engl. für scheinbarer Diffusionskoeffizient).

Für die Berechnung des ADC-Wertes wurde immer ein Satz von 4 diffusionsgewichteten Bildern im interleaved Verfahren aufgenommen. Dabei wurde der höchste b-Werte danach ausgewählt, dass das NMR-Signal verglichen mit der Referenzaufnahme (d.h. die Aufnahme mit dem niedrigsten b-Wert) mindestens um 50 % niedriger war. Die b-Werte betrugen

6.3. BESTIMMUNG DES ^{3}HE-DIFFUSIONSKOEFFIZIENTEN IN DER LUNGE

$b_1 = 0,05 \frac{s}{cm^2}$ für Bild 1 (Referenzbild), $b_2 = 0,71 \frac{s}{cm^2}$ für Bild 2, $b_3 = 2,11 \frac{s}{cm^2}$ für Bild 3 und $b_4 = 4,26 \frac{s}{cm^2}$ für Bild 4. Die Dauer des Diffusionsgradienten wurde auf $t_{Diff} = 1,5\ ms$ festgesetzt.

Die Berechnung der ADC-Karten aus den diffusionsgewichteten MRT-Bildern erfolgt mittels einer in der Programmmiersprache MatLab selbstentwickelten Software direkt aus den Bilddaten: Für jeden einzelnen Bildpunkt wird der ADC-Wert durch einen Exponentialfit bestimmt und das Resultat in Form einer ADC-Karte präsentiert. Von allen Bildpunkten, die innerhalb der Lunge liegen, berechnet das Programm durch einfache Mittelwertbildung den mittleren ADC und dessen Streuung. Die Entscheidung, welche Bildpunkte innerhalb der Aufnahme zur Lunge gehören und bei der Mittelwertberechnung zu berücksichtigen sind und welche nicht, trifft das Programm mit einem einfachen Algorithmus: Es vergleicht den Signalwert S_{xy} eines jeden einzelnen Bildpunktes (x, y) mit einem vorgegebenen Referenzwert S_R. Ist $S_{xy} \geq S_R$, dann wird dieser zur ^{3}He-gefüllten Lunge gerechnet, für $S_{xy} \leq S_R$ liegt der Punkt ausserhalb der Lunge. Im rechten Teil der Abbildung 5.20 ist eine typische ADC-Karte der Lunge eines gesundes Tieres gezeigt, aufgenommen im Niederfeld. Der mittlere ADC beträgt hier 0,182 $\frac{cm^2}{s}$ bei einer Streuung der ADC-Werte von 0,030 $\frac{cm^2}{s}$.

6.3.1 Reproduzierbarkeit der ADC-Messung

Tierbezeichnung / Messreihe	Datum	^{3}He-Atemzyklen	Atemdruck während der Apnea [mbar]	Anzahl der Wiederholungen	über alle Einzelmessungen gemittelter ADC [cm²/s]	Standardabweichung [cm²/s]	relative Standardabweichung [%]
RSPELS007A	Jul 06	5	10	3	0,168	0,001	0,6%
RSPELS0106	Sep 06	5	10	4	0,162	0,001	0,6%
RSPELS0034	Mrz 06	3	13	2	0,151	0,001	0,7%
RSPHE30141	Jul 05	3	18	9	0,174	0,002	1,1%
RSPELS0074	Jul 06	3	20	3	0,146	0,001	0,7%
RSPELS0103	Sep 06	3	24	2	0,170	0,001	0,6%
RSPELS0109	Sep 06	3	24	2	0,173	0,001	0,6%

Tabelle 6.1: Reproduzierbarkeit der ADC-Messungen an gesunden Tieren
In dieser Tabelle sind für jede einzelne Messreihe das Datum, der mittlere ADC, die Standardabweichung sowie die relative Standardabweichung eingetragen. Zudem ist in der Tabelle der Atemdruck während der Apnoe vermerkt sowie die Anzahl der Atemzyklen mit ^{3}He unmittelbar vor der ADC-Messung. 5 ^{3}He-Atemzyklen bedeuten, dass insgesamt in 5 zusammenhängenden Atemzyklen unmittelbar vor der ADC-Messung das Tier anstelle mit Luft mit ^{3}He versorgt wurde. Im 5. Atemzyklus wurde die Apnoe eingeleitet und die ADC-Aufnahme durchgeführt. Jede einzelne ADC-Messung innerhalb einer Messreihe wurde unter denselben Bedingungen durchgeführt, d. h. identische COMSPIRA- und Beatmungsparameter. (COMSPIRA-Parameter FOV=80mm x 80mm, Auflösung= 256 Pixel x 256 Pixel, Aufnahmedauer = 4 s)

104   KAPITEL 6. IN-VIVO UNTERSUCHUNGEN DER LUNGE IM NIEDERFELD

Um die Reproduzierbarkeit der ADC-Messung am Tier bewerten zu können, wurden jeweils mehrere ADC-Messungen an einem Tier unter identischen Bedingungen wiederholt. In der Tabelle 6.1 sind die bei einem Atemdruck zwischen 10 mbar und 24 mbar an insgesamt 7 gesunden Versuchstieren erzielten Ergebnissen in Tabellenform dargestellt. In jeder einzelnen Zeile sind die ADC-Ergebnisse einer einzelnen Messreihe am gleichen Tier dargestellt. Jede dieser Messreihen besteht aus mindestens 2 wiederholten Messungen mit identischen Parametern. Die Tierbeatmung sowie die Applikation von ^{3}He erfolgte standardmäßig nach dem in Kapitel 6.1.3 beschriebenen Verfahren.

Die relative Streuung der ADC-Werte innerhalb jeder Messreihe an ein und demselben Tier beträgt rund 1% und beweist die hohe Reproduzierbarkeit des Untersuchungsverfahrens. Die größte Streuung tritt mit 1,1% bei Tier RSPHE30141 auf. Neben der Wiederholbarkeit der Einzelmessung an ein und demselben Tier ist die Streuung der ADC-Werte innerhalb einer homogenen Gruppe von Versuchstieren ein Maß für die Zuverlässigkeit der Messmethode. In zwei Versuchsreihen, die im März 2006 und im September 2006 stattfanden, wurde an insgesamt 20 unbehandelten, gesunden Tieren der ADC-Wert der Lunge gemessen und die Streuung innerhalb der Gruppen bestimmt. Die Ergebnisse der ADC-Messreihe sind in der Tabelle 6.2 dargestellt. Zu jedem untersuchten Tier sind dort zwei ADC-Werte angegeben: Nach 1 Atemzyklus mit ^{3}He und nach 5 Atemzyklen mit ^{3}He. Die beiden Messprotokolle unterscheiden sich nur in der Anzahl der ^{3}He-Atemzyklen, die unmittelbar vor der ADC-Messung zum Auswaschen der Luft aus der Lunge durchgeführt wurden. Deutlich ist zu erkennen, dass der ADC nach nur einem Atemzyklus ^{3}Heunterhalb des ADC nach 5 Atemzyklen mit ^{3}He liegt. Im ersten Fall (bei einem ^{3}He-Atemzyklus) verbleibt mehr Atemluft in der Lunge. Diese Atemluft mischt sich mit dem eingeatmeten ^{3}He, hemmt die ^{3}He-Diffusion in der Lunge und verursacht einen niedrigeren ADC. Im zweiten Fall (nach 5 Atemzyklen ^{3}He) ist die Atemluft nahezu aus der Lunge ausgewaschen, so dass im Ergebnis der ADC ansteigt. In Kapitel 6.3.3 wird auf den Zusammenhang zwischen der Atemluft, der ^{3}He-Konzentration und dem beobachteten ADC näher eingegangen und eine Methode vorgestellt.

In der Untersuchungsreihe März 2006 ist die absolute Streuung der über die Lunge gemittelten ADC-Werte in beiden Fällen mit 0,007 $\frac{cm^2}{s}$ identisch und entspricht einer relativen Streuung von etwa 5 %. Diese Streuung der ADC-Werte in der Tiergruppe ist damit etwa 5x größer als die Streuung der Wiederholungsmessungen an ein und demselben Versuchstier mit 1 %.

Die zweite Untersuchungsreihe im Sempteber 2006 wurde an weiteren 5 gesunden Versuchstieren unter identischen Messbedingungen wie die Messungen im März 2006 durchgeführt, um die Langzeitstabilität der ADC-Messung zu überprüfen. In der mittleren Tabelle sind die Ergebnisse der ADC-Messung dargestellt. Sie unterscheiden sich nur geringfügig von den ADC-Werten der ADC-Messung 6 Monate zuvor. Insgesamt liegen die ADC-Werte im September bei einem ^{3}He-Atemzyklus mit 0,136 $\frac{cm^2}{s}$ im Vgl. zu 0,133 $\frac{cm^2}{s}$ und bei 5 ^{3}He-Atemzyklen mit 0,159 $\frac{cm^2}{s}$ im Vgl. zu 0,156 $\frac{cm^2}{s}$ jeweils um 0,003 $\frac{cm^2}{s}$ leicht oberhalb der Ergebnisse vom März. Die Streuung fällt mit 0,005 $\frac{cm^2}{s}$ im September etwas geringer aus als im März mit 0,005 $\frac{cm^2}{s}$.

Die hier vorgestellten Untersuchungen haben gezeigt, dass der Versuchsaufbau (Applikator

6.3. BESTIMMUNG DES ³HE-DIFFUSIONSKOEFFIZIENTEN IN DER LUNGE

März 2006		1 Atemzyklus mit ³He	5 Atemzyklen mit ³He
Tier	Tiergewicht [g]	ADC [cm²/s] (Apnea 10 mbar)	ADC [cm²/s] (Apnea 10 mbar)
RSPELS0033	297	0,133	0,153
RSPELS0034	336	0,119	0,140
RSPELS0035	321	0,145	0,169
RSPELS0040	338	---	0,161
RSPELS0041	345	0,133	0,159
RSPELS0042	367	0,129	0,149
RSPELS0043	301	0,129	0,156
RSPELS0044	346	0,138	0,163
RSPELS0045	317	0,141	0,162
RSPELS0046	352	0,141	0,163
RSPELS0047	340	0,136	0,156
RSPELS0048	340	0,122	0,147
RSPELS0049	338	0,132	0,152
RSPELS004a	341	0,133	0,155
RSPELS004b	339	0,132	0,157
Mittelwert	335	0,133	0,156
Standardabweichung	18	0,007	0,007

September 2006		1 Atemzyklus mit ³He	5 Atemzyklen mit ³He
Tier	Tiergewicht [g]	ADC [cm²/s] (Apnea 10 mbar)	ADC [cm²/s] (Apnea 10 mbar)
RSPELS0100	440	0,137	0,162
RSPELS0103	399	0,131	0,156
RSPELS0106	411	0,138	0,161
RSPELS0107	396	0,131	0,152
RSPELS0109	415	0,144	0,166
Mittelwert	412	0,136	0,159
Standardabweichung	17	0,005	0,005

Gesamt		1 Atemzyklus mit ³He	5 Atemzyklen mit ³He
	Tiergewicht [g]	ADC [cm²/s] (Apnea 10 mbar)	ADC [cm²/s] (Apnea 10 mbar)
Mittelwert	354	0,134	0,157
Standardabweichung	39	0,007	0,007

Tabelle 6.2: Reproduzierbarkeit der ADC-Messung
Der jeweils linke ADC-Wert (1 Atemzyklus mit ³He) wurde so gemessen, dass nur ein einziges Mal ³He appliziert wurde, umgehend die Apnoe eingeleitet und die ADC-Aufnahme ausgeführt wurde. Im zweiten Fall wurde in 5 zusammenhängenden Atemzyklen ³He appliziert. Im 5. Atemzyklus wurde die Apnoe eingeleitet und die ADC-Aufnahme durchgeführt. Im oberen Tabellenbereich sind die Ergebenisse der Untersuchungsreihe im März 2006 gezeigt, im mittleren Bereich die Ergebnisse der Untersuchungsreihe im September 2007 und im unteren Teil die über alle Versichsreihen gemittelten ADC-Werte.

und MR-System) auch über einen längeren Zeitraum hinweg robuste Ergebnisse liefert. Innerhalb von mehreren Wiederholungsmessungen an *ein und demselben Tier* beträgt die Streuung nur 1%. Vergleicht man die absoluten ADC-Werte aller Tiere (März und September

KAPITEL 6. IN-VIVO UNTERSUCHUNGEN DER LUNGE IM NIEDERFELD

2006), dann streuen die ADC-Werte zwischen den Tieren um insgesamt um 5%.

6.3.2 Abhängigkeit des ADC vom Atemdruck

In einer Versuchsreihe mit 6 gesunden Tieren wurde der ADC-Wert in Abhängigkeit vom Atemdruck bestimmt. Für jedes Tier wurden nacheinander der ADC bei einem Atemdruck von 2 mbar, 5 mbar, 11 mbar, 15 mbar und 20 mbar gemessen. Um die Atemgase aus der Lunge auszuwaschen, wurde vor jeder Einzelmessung die Tierlunge mit 2 Atemzyklen ^{3}He bei einem Atemdruck von 16 mbar gespült. Die Abbildung 6.6 zeigt die Ergebnisse dieser Versuchsreihe in Tabellen- und Diagrammform. Der zunehmende Atemdruck dehnt die Lunge, das Lungenvolumen steigt an und die Alveolen weiten sich. Der jetzt vergrößerte alveolare Durchmesser schränkt die Diffusionsbewegung der ^{3}He-Gasatome weniger stark ein. Die Messungen bestätigen diesen Zusammenhang, denn der ADC nimmt mit steigendem Atemdruck zu. Zwischen 0 und 10 mbar steigt der ADC besonders stark an, bis er schließlich zwischen 10 mbar und 20 mbar ein Plateau erreicht.

6.3.3 Bestimmung des ADC nach einer Elastase-induzierten Emphysembildung

An insgesamt 15 Tieren wurde die Elastase (Pancreas-Elastase von Roche Diagnostics GmbH) jeweils mit einer Dosis von 100 Einheiten pro 100 g Körpergewicht appliziert (siehe Kapitel 3.4). Die individuelle Dosis für jedes Tier wurde dazu jeweils in 0,5 ml physiologischer Salzlösung gelöst und über einen Tubus anschließend in der Lunge instilliert *(lat. instillare: einträufeln)* wie in [Pec03] beschrieben. Anschließend wurden die Tiere in ihre Käfige zurückgebracht. 30 Tage nach der Elastasapplikation erfolgte die ADC-Messung am Niederfeldtomographen. Ein Tier verstarb in der Zwischenzeit.

ADC-Messung mit ^{3}He

Die Tabellen 6.3 zeigen die in dieser Messreihe ermittelten ADC-Werte und in Abbildung 6.7 sind exemplarisch zwei ADC-Karten und die dazugehörenden diffusionsgewichteten Aufnahmen gezeigt. In beiden Tiergruppen (Kontrollgruppe und Elastasegruppe) wurde der ADC-Wert bei einem Atemdruck von 10 mbar und 20 mbar bestimmt. Durch die ^{3}He-Atemzyklen unmittelbar vor der ADC-Messung wird die residuale Luft aus der Lunge stetig ausgewaschen, so dass die ^{3}He-Konzentration in der Lunge zunimmt. Vor der ADC-Messung bei 10 mbar wurde die Lunge 1x, 5x und 7x mit ^{3}He gefüllt und vor der ADC-Messungen bei 20 mbar jeweils 1x und 3x. Auch hier steigt mit zunehmender Anzahl der ^{3}He-Atemzyklen erwartungsgemäß der ADC.

Die Messergebnisse in Tabelle 6.3 zeigen ein überraschendes Ergebnis: Entgegen der Erwartung, dass der ADC-Wert bei einer emphysematischen Lunge gegenüber einer gesunden Lunge deutlich ansteigt, zeigen die Messergebnisse ein gegenläufiges Verhalten. Der ADC von Tieren aus der Elastasegruppe verglichen mit Tieren aus der Kontrollgruppe ist bei identischen ^{3}He-Applikationsparametern und MRT-Aufnahmeparametern stets zwischen 13% und 18% kleiner! Eine mögliche Ursache für das überraschende Ergebnis können unterschiedliche Mischungsverhältnisse zwischen dem eingeatmeten ^{3}He und der residualen Luft in der Lunge

6.3. BESTIMMUNG DES ³HE-DIFFUSIONSKOEFFIZIENTEN IN DER LUNGE

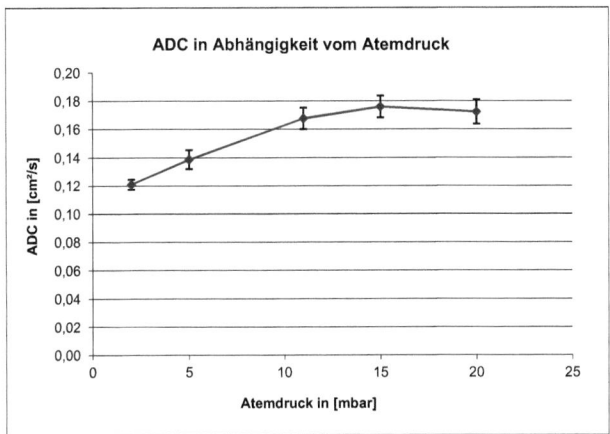

Atemdruck	Inspirations-volumen (Mittelwert)	Inspirations-volumen (σ)	ADC (Mittelwert)	ADC (σ)
[mbar]	[ml]	[ml]	[cm²/s]	[cm²/s]
2	0,6	0,3	0,121	0,004
5	1,8	0,7	0,139	0,007
11	4,2	1,8	0,168	0,007
15	6,7	1,8	0,176	0,008
20	9,0	1,6	0,172	0,009

Tiergewicht (Mittelwert): 333g
Tiergewicht (σ): 43g

Abbildung 6.6: Der ADC in Abhängigkeit vom Atemdruck
Das obere Diagramm zeigt den ADC-Wert in Abhängigkeit vom Atemdruck, gemittelt über 6 Versuchstiere. Die Balken an den Messpunkten stellen die Standardabweichung dar. In der unteren Tabelle ist der über alle Versuchstiere gemittelte ADC-Wert und dessen Standardabweichung aufgeführt. In der zweiten und dritten Spalte der Tabelle ist zusätzlich das über alle Versuchstiere gemittelte Inspirationsvolumen dargestellt. Zur Messung des Inspirationsvolumen wurde im Anschluss an die ADC-Messungen die Tierlunge über eine Spritze mit einem definierten Luftvolumen gefüllt und der jeweilige Atemdruck notiert.

sein, die durch ein unterschiedliches Auswaschverhalten der Atemluft bei gesunden und bei elastasebehandelten Tieren herrühren (diese können beispielsweise durch das *Air Trapping* bei emphysematischen Lungen verursacht sein).

108 KAPITEL 6. IN-VIVO UNTERSUCHUNGEN DER LUNGE IM NIEDERFELD

Kontrollgruppe

Tier	weight [g]	ADC @ 10 mbar in [cm²/s]			Inspirationsvolumen @ 10 mbar in [ml]	ADC @ 20 mbar in [cm²/s]	
		1x He	5x He	7x He		1x He	3x He
RSPELS0100	440	0,137	0,162		2,3	0,162	0,173
RSPELS0103	399	0,131	0,156	0,162	2,9	0,156	0,170
RSPELS0106	411	0,138	0,161	0,168	3,4	0,161	0,180
RSPELS0107	396	0,131	0,152	0,160	2,8	0,149	0,166
RSPELS0109	415	0,144	0,166	0,169	4,1	0,159	0,173
Mittelwert	412	0,136	0,159	0,165	3,1	0,157	0,172
σ	17	0,005	0,005	0,004	0,7	0,005	0,005

Elastasegruppe

Tier	weight [g]	ADC @ 10 mbar in [cm²/s]			Inspirationsvolumen @ 10 mbar in [ml]	ADC @ 20 mbar in [cm²/s]	
		1x He	5x He	7x He		1x He	3x He
RSPELS0110	395	0,114	0,132		3,2	0,125	0,140
RSPELS0112	400	0,125	0,147	0,146	6,1	0,136	0,151
RSPELS0114	437	0,114	0,141	0,139	2,9	0,131	0,146
RSPELS0115	420	0,120	0,132	0,139	4,4		0,142
RSPELS0117	434	0,116	0,130	0,133	3,5	0,121	0,136
RSPELS0118	422	0,116	0,130	0,134	3,5	0,125	0,138
RSPELS011a	440		0,130	0,132	1,7	0,127	0,138
RSPELS011b	404	0,123	0,140	0,146	4,0	0,137	0,148
RSPELS0111d	434	0,121	0,136	0,140	3,0	0,130	0,139
Mittelwert	421	0,119	0,135	0,139	3,6	0,129	0,142
σ	17	0,004	0,006	0,005	1,2	0,006	0,005

(ADC Elastasegruppe) / (ADC Kontrollgruppe)	87%	85%	84%		82%	82%

Tabelle 6.3: ADC-Ergebnisse der Kontroll-und Elastasegruppe

Der Einfluss des ³He-Luft-Mischungsverhältnisses auf den ³He-Diffusionskoeffizienten

Die Luft ist ein Gasgemisch mit dem Hauptbestandteilen Stickstoff (78%) und Sauerstoff (21%). Daneben machen Edelgase, Kohlendioxid und Wasserstoff insgesamt einen Anteil von nur 1% aus. Bei den folgenden Ausführungen zur ³He-Diffusion in der Atemluft wird zunächst nur der dominante Stickstoffanteil der Luft betrachtet; Luft und Stickstoff werden als zwei Synonyme verwendet.

Zwei Faktoren schränken die ungehinderte Diffusionsbewegung der ³He-Atome in der Lunge ein. Zum einen ist es die mikroskopische Struktur der Lunge, die durch die Bronchien, die Bronchiolen und die Alveolen die freie Bewegung der ³He-Atome behindert. Daneben hemmen die Gasbeimischungen in der Lunge - hier ist vor allem der Stickstoff aus der Luft zu nennen - die Diffusion der ³He-Atome in der Lunge beträchtlich. Um unter definierten Bedingungen den ADC der Lunge messen zu können empfiehlt es sich, durch Auswaschen

6.3. BESTIMMUNG DES ³HE-DIFFUSIONSKOEFFIZIENTEN IN DER LUNGE 109

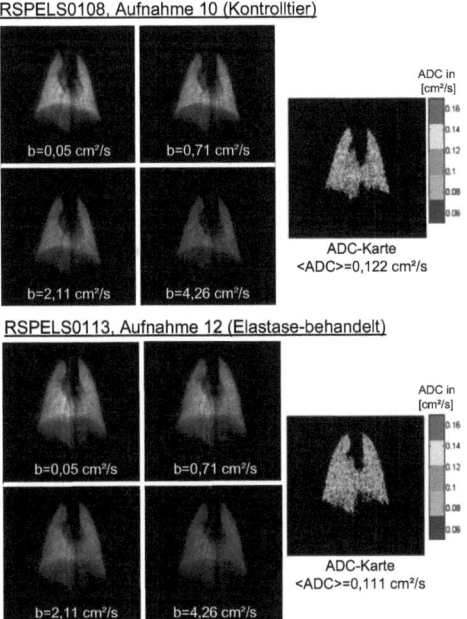

Abbildung 6.7: Diffusionsgewichtete Aufnahmen und ADC-Karten
Die Abbildung zeigt jeweils einen repräsentativen Satz aus 4 diffusionsgewichteten Aufnahmen und die daraus berechnete ADC-Karte bei einem Kontrolltier und einem mit Elastase behandelten Tier. Während der Aufnahme betrug der Atemdruck 20 mbar. Der Größenunterschied zwischen der erkrankten und der gesunden Tierlunge fällt deutlich ins Auge. Die Ursache für den Größenunterschied ist eine höhere Compliance der erkrankten Lunge gegenüber der gesunden Lunge [Eid90]. Darum füllt sich bei einem gleichen Atemdruck die erkrankte Lunge stärker als die gesunde Lunge.

des residualen Stickstoffs aus der Lunge eine möglichst reine ³He-Atmosphäre in der Lunge zu gewährleisten. Das kann z.b. durch mehrere Atemzüge mit reinem ³He unmittelbar vor der ADC-Messung geschehen. Mit jedem Atemzug ³He wird der Stickstoff aus der Lunge gewaschen und die ³He-Konzentration steigt an. Dadurch ändert sich gemäß der Relation 5.81 der ³He-Diffusionskoeffizient. Bei einer sehr geringen ³He-Konzentration in einer nahezu reinen Stickstoffatmosphäre beträgt der ³He-Diffusionskoeffizient $D_{He} = 0,8 \frac{cm^2}{s}$ und steigt bis auf $D_{He} = 1,9 \frac{cm^2}{s}$ [Aco06] in einer reinen ³He-Atmosphäre an (jeweils bei

110 KAPITEL 6. IN-VIVO UNTERSUCHUNGEN DER LUNGE IM NIEDERFELD

einem Gesamtdruck von $p = 1\ bar$ und Zimmertemperatur). Entsprechend ist mit einer zunehmenden Anzahl an ^{3}He-Atemzügen auch ein Anstieg des gemessenen ADC-Wertes zu erwarten, da die ^{3}He-Konzentration in der Lunge weiter zunimmt. Entscheidend für die Geschwindigkeit, mit der das Auswaschen des Stickstoffs aus der Lunge geschieht, ist das Verhältnis zwischen dem Inspirationsvolumen V_I und der funktionalen Residualkapazität FRC (Functional Residual Capacity, siehe Kapitel 3.2) am Ende der Exspirationsphase. Je größer das Inspirationsvolumen und je kleiner die FRC ist, desto weniger ^{3}He-Atemzyklen werden zum vollkommenen Auswaschen des Stickstoffs benötigt. Zunächst, vor Beginn der ^{3}He-Applikation, ist die Lunge nur mit Stickstoff gefüllt und das Lungenvolumen entspricht gerade dem FCR. Es erfolgt der erste Atemzyklus mit ^{3}He und am Ende der Inspirationsphase hat das Tier das Volumen V_I an ^{3}He eingeatmet. Zu diesem Zeitpunkt beträgt die relative ^{3}He-Konzentration C_{He} in der Lunge

$$C_{He} = \frac{V_I}{V_I + FRC} \qquad (6.1)$$

und die Stickstoffkonzentration

$$C_{N_2} = \frac{FRC}{V_I + FRC} \qquad . \qquad (6.2)$$

Für den n-ten ^{3}He-Atemzyklus gilt

$$C_{N_2} = \left(\frac{FRC}{V_I + FRC}\right)^n \qquad (6.3)$$

und

$$C_{He} = 1 - C_{N_2} = 1 - \left(\frac{FRC}{V_I + FRC}\right)^n \qquad . \qquad (6.4)$$

Der ^{3}He-Diffusionskoeffizient D_{He} dieser Gasmischung berechnet sich zu

$$\frac{1}{D_{He}} = C_{He} \cdot \frac{1}{D_{He}^{(He)}} + C_{N_2} \cdot \frac{1}{D_{He}^{(N_2)}} \qquad , \qquad (6.5)$$

wobei $D_{He}^{(He)} = 1,9\ \frac{cm^2}{s}$ der ^{3}He-Selbstdiffusionskoeffizient ist und $D_{He}^{(N_2)} = 0,8\ \frac{cm^2}{s}$ der ^{3}He-Diffusionskoeffizient in einer annähernd reinen Stickstoffumgebung, d.h. $C_{N_2} \to \infty$. Aus den Gleichungen 6.4 und 6.5 ergibt sich folgende Abhängigkeit des ^{3}He-Diffusionskoeffizienten D_{He} von der Anzahl n der Lungenspülungen:

$$D_{He} = \frac{D_{He}^{(He)} \cdot D_{He}^{(N_2)}}{D_{He}^{(N_2)} \left[1 - \left(\frac{FRC}{FRC+V_I}\right)^n\right] + D_{He}^{(He)} \left(\frac{FRC}{FRC+V_I}\right)^n} \qquad . \qquad (6.6)$$

In Abbildung 6.8 ist der theoretische Verlauf des ^{3}He-Diffusionskoeffizienten D_{He} dieser Gasmischung in Abhängigkeit von der Anzahl der ^{3}He-Lungenspülungen dargestellt. Mit zunehmender Anzahl an ^{3}He-Atemzyklen steigt D_{He} an und strebt asymptotisch gegen den Selbstdiffusionskoeffizienten $D_{He}^{(He)} = 1,9\ \frac{cm^2}{s}$. Der Kurvenverlauf wird dabei durch das Verhältnis vom Inspirationsvolumen V_I zum Lungenvolumen FRC bestimmt.

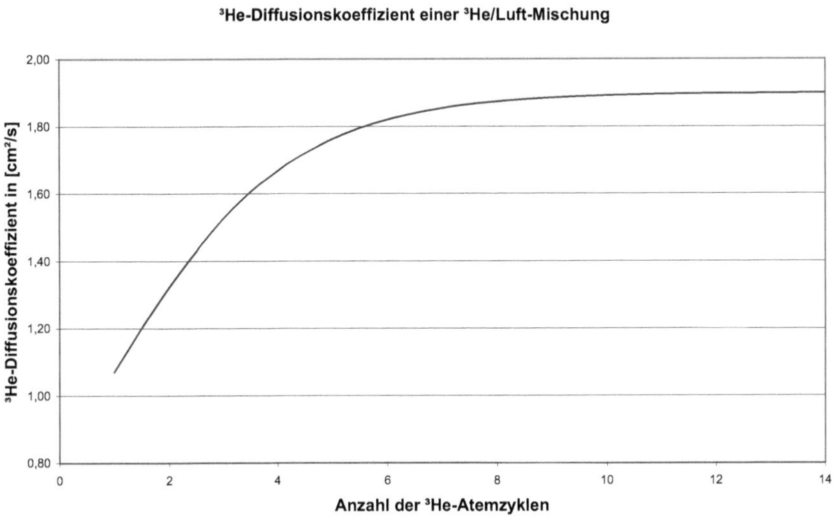

6.3. BESTIMMUNG DES ^{3}HE-DIFFUSIONSKOEFFIZIENTEN IN DER LUNGE

Abbildung 6.8: Der ^{3}He-Diffusionskoeffizient in Abhängigkeit von der Anzahl der ^{3}He-Atemzyklen
Das Diagramm stellt den theoretischen Verlauf dar, der sich durch Gleichung 6.6 mit den Parametern $V_I = 3,1$ ml (Tabelle 6.3) und FRC=4 ml [Kri00] ergibt.

ADC-Messung mit einer ^{3}He/SF$_6$-Gasmischung

Unterschiede in der Lungenkapazität und im Inspirationsvolumen zwischen den gesunden und erkrankten Versuchstieren führen bei gleicher Anzahl an Atemzügen zu verschiedenen ^{3}He-Stickstoff-Mischungsverhältnissen und dadurch jeweils zu unterschiedlichen ^{3}He-Diffusionskoeffizienten in der Lunge. Insbesondere ist an dieser Stelle zu erwähnen, dass bei mit Elastase behandelten Lungen sowohl die Totalkapazität (TLC) und die funktionale Restkapazität (FRC) gegenüber einer gesunden Lunge deutlich größer sind. In [Eid90] werden für Elastase-behandelten Ratten eine Residualkapazität von FRC=4,39 ml und eine totale Lungenkapazität von TLC=18 ml berichtet, während sich für die unbehandelten Kontrolltiere FRC=2,59 ml und TLC=13 ml ergeben. Diese unterschiedlichen Lungenparameter führen bei identischer Anzahl an ^{3}He-Atemzyklen zu unterschiedlichen Gasmischungen in der Lunge und damit auch zu einem unterschiedlichen ADC.

Eine einfache Möglichkeit, diesen Einfluss der Gasmischung auf den ADC-Wert zu minimieren besteht darin, die ADC-Messung nicht mit reinem ^{3}He sondern mit einer Mischung aus ^{3}He und dem Gas SF$_6$ durchzuführen. Dazu wird ^{3}He in der Speicherzelle mit SF$_6$ vermischt und die Speicherzelle wie gewohnt an den Applikator angeschlossen. Wählt man das Mischungsverhältnis ^{3}He-SF$_6$ derart, dass der resultierende ^{3}He-Diffusionskoeffizient D_{He} in dieser Gasmischung gerade $D_{He}^{(N_2)}$ entspricht, dann ist der resultierende ^{3}He-Diffusionskoeffizient D_{He} in der Lunge konstant und unabhängig von der Anzahl der ^{3}He-Atemzyklen.

Gegeben sei ^{3}He mit einem Volumen V_{He} sowie zwei weitere Gase A und B mit den jeweiligen Volumina V_A und V_B (siehe Abbildung 6.9). In allen Volumina herrsche jeweils ein atmosphärischer Druck $p = 1$ bar. Zunächst werde ^{3}He mit Gas A gemischt. Der ^{3}He-Diffusionskoeffizient $^1D_{He}$ der resultierenden Mischung 1 beträgt

$$\frac{1}{^1D_{He}} = \frac{V_{He}}{V_1} \cdot \frac{1}{D_{He}^{(He)}} + \frac{V_A}{V_1} \cdot \frac{1}{D_{He}^{(A)}} \quad \text{mit} \quad V_1 = V_A + V_{He} \quad . \tag{6.7}$$

$D_{He}^{(He)}$ ist der ^{3}He-Selbstdiffusionskoeffizient und $D_{He}^{(A)}$ der ^{3}He-Diffusionskoeffizient in einer nahezu reinen Atmosphäre von Gas A. Nun wird die Gasmischung 1 erneut gemischt, diesmal mit einem Gas B. Analog zu vorher berechnet sich hier der ^{3}He-Diffusionskoeffizient in der Mischung 2:

$$\frac{1}{^2D_{He}} = \frac{V_{He}}{V_T} \cdot \frac{1}{D_{He}^{(He)}} + \frac{V_A}{V_T} \cdot \frac{1}{D_{He}^{(A)}} + \frac{V_B}{V_T} \cdot \frac{1}{D_{He}^{(B)}} \quad , \tag{6.8}$$

wobei $D_{He}^{(B)}$ der ^{3}He-Diffusionskoeffizient in einer nahezu reinen Atmosphäre von Gas B ist. Gleichung 6.8 lässt sich umschreiben zu

$$\begin{aligned}\frac{1}{^2D_{He}} &= \frac{V_1}{V_T}\left(\frac{V_{He}}{V_1} \cdot \frac{1}{D_{He}^{(He)}} + \frac{V_A}{V_1} \cdot \frac{1}{D_{He}^{(A)}}\right) + \frac{V_B}{V_T} \cdot \frac{1}{D_{He}^{(B)}} \quad , &(6.9)\\ &= \frac{V_1}{V_T} \cdot \frac{1}{^1D_{He}} + \frac{V_B}{V_T} \cdot \frac{1}{D_{He}^{(B)}} &(6.10)\end{aligned}$$

mit dem ^{3}He-Diffusionskoeffizient $^1D_{He}$ der Mischung 1. Mischt man ^{3}He und Gas A gerade in der Art, dass $^1D_{He} = D_{He}^{(B)}$ gilt, dann folgt für den ^{3}He-Diffusionskoeffizienten von Mischung 2

$$\frac{1}{^2D_{He}} = \frac{V_1}{V_T} \cdot \frac{1}{D_{He}^{(1)}} + \frac{V_B}{V_T} \cdot \frac{1}{D_{He}^{(B)}} = \frac{1}{D_{He}^{(B)}} = const. \tag{6.11}$$
$$\text{mit} \quad V_T = V_A + V_{He} + V_B = V_1 + V_B \quad .$$

Der ^{3}He-Diffusionskoeffizient $^2D_{He}$ in Mischung 2 ist konstant und damit unabhängig vom Mischungsverhältnis der Gase B und Mischung 1!

Bei der Auswahl des Mischgases A sind in unserem Fall (d.h. Gas B = Stickstoff) drei Aspekte zu beachten:

- Mischgas A muss ungiftig sein.
- Notwendig ist $D_{He}^{(A)} < D_{He}^{(N_2)}$.

6.3. BESTIMMUNG DES ^{3}HE-DIFFUSIONSKOEFFIZIENTEN IN DER LUNGE

- Das Molekulargewicht von Gas A sollte möglichst hoch sein, um die Beimischung zum hyperpolarisierten ^{3}He so gering wie möglich zu halten. Ansonsten sinkt das NMR-Signal zu stark ab.

Das chemisch inerte und mit einem Molekulargewicht von 146 u sehr schwere Gas SF_6 erfüllt diese Eigenschaften. Es ist für das Tier ungiftig und der Diffusionskoeffizient $D_{He}^{(SF_6)}$ ist mit $D_{He}^{(SF_6)} = 0,5 \frac{cm^2}{s}$ deutlich geringer als der Diffusionskoeffizient $D_{He}^{(N_2)} = 0,8 \frac{cm^2}{s}$. Bei einer ^{3}He-$SF_6$-Mischung im Verhältnis 1:1 beträgt der ^{3}He-Diffusionskoeffizient D_{He} bei Atmosphärendruck gerade $D_{He} = 0,8 \frac{cm^2}{s}$.

Kontrollgruppe (^{3}He-SF6-Mischung 1:1)

Tier	weight [g]	ADC @ 10 mbar in [cm²/s]			Inspirationsvolumen @ 10 mbar in [ml]	ADC @ 20 mbar in [cm²/s]	
		1x He	5x He	7x He		1x He	3x He
RSPELS0102	410	0,122	0,128	0,128	3,0	0,139	0,141
RSPELS0104	375		0,119	0,119	3,0	0,122	0,123
RSPELS0108	445	0,115	0,117	0,118	2,8	0,120	0,122
Mittelwert	410	0,119	0,121	0,122	2,9	0,127	0,129
σ	35	0,005	0,006	0,006	0,1	0,010	0,011

Elastasegruppe (^{3}He-SF6-Mischung 1:1)

Tier	weight [g]	ADC @ 10 mbar			Inspirationsvolumen @ 10 mbar in [ml]	ADC @ 20 mbar	
		1x He	5x He	7x He		1x He	3x He
RSPELS0113	398	0,114	0,108	0,108	3,6	0,112	0,112
RSPELS0116	392		0,118	0,118		0,118	0,121
RSPELS0119	415	0,111	0,123	0,123	4,7	0,124	0,128
RSPELS011c	418	0,113	0,110	0,108	3,0	0,112	0,112
RSPELS011e	408	0,113	0,114	0,114	3,2	0,117	0,119
Mittelwert	406	0,113	0,115	0,114	3,6	0,117	0,118
σ	11	0,001	0,006	0,006	0,8	0,005	0,007

(ADC Elastasegruppe) / (ADC Kontrollgruppe)		95%	94%	94%		92%	92%

Tabelle 6.4: ADC-Messung mit einer ^{3}He-SF_6-Gasmischung
Die Tabelle zeigt die experimentell ermittelten ADC-Werte für verschiedene Atemzyklen (1x, 5x und 7x), die statt mit reinem ^{3}He hier mit einer ^{3}He-SF_6-Mischung im Mischungsverhältnis 1:1 gemessen wurden.

An 5 Elastase-behandelten Versuchstieren, sowie an 3 Kontrolltieren wurde der ADC-Wert mit einer 1:1 ^{3}He-SF_6-Mischung bestimmt. Die Ergebnisse sind in Tabelle 6.4 zusammengefasst. Zunächst fällt auf, dass im Vgl. zur Messung mit reinem ^{3}He der ADC erwartungsgemäß deutlich geringer ausfällt, sowohl in der Kontrollgruppe als auch in der Elastase-Gruppe. So sinkt beispielsweise der ADC von 0,165 $\frac{cm^2}{s}$ bei reinem ^{3}He auf 0,122 $\frac{cm^2}{s}$ bei Verwendung des ^{3}He-SF_6-Gemisches (jeweils ein Atemdruck von 10 mbar und 7 Atemzyklen), was eindeutig auf den niedrigeren ^{3}He-Diffusionskoeffizienten der ^{3}He-SF_6-Mischung zurückzuführen ist. Vor allem aber zeigen die Messergebnisse, dass der ADC bei Verwendung des ^{3}He-SF_6-Gemisches jetzt unabhängig von der Anzahl der ^{3}He-SF_6-Atemzyklen ist, sowohl bei einem Atemdruck von 10 mbar als auch bei 20 mbar. In der Kontrollgrup-

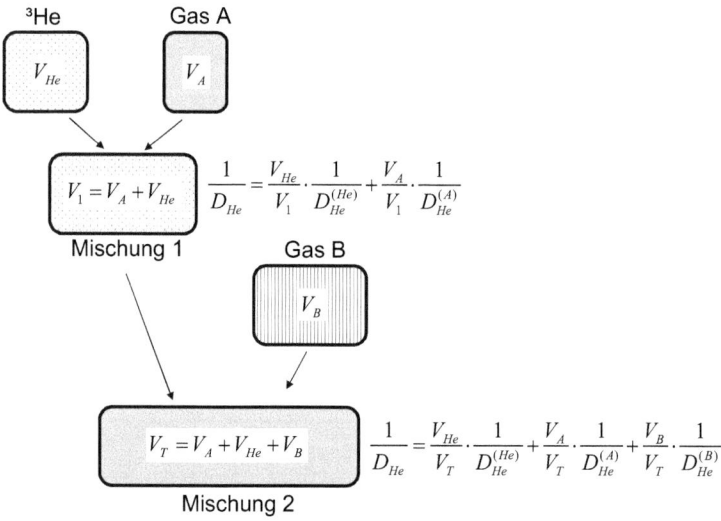

Abbildung 6.9: ^{3}He-Diffusionskoeffizient in einer Mischung mit zwei weiteren Gasen

pe variiert der mittlere ADC-Wert zwischen 0,119 $\frac{cm^2}{s}$ (1 Atemzyklus) und 0,122 $\frac{cm^2}{s}$ (7 Atemzyklen), was einer relativen Änderung von nur 1,7% entspricht. Auch innerhalb der Elastasegruppe bleibt der ADC nahezu konstant. Er variiert leicht mit steigender Anzahl der ^{3}He-SF$_6$-Atemzyklen um 1,8%. Im Diagramm 6.5 ist die Abhängigkeit des ADC von der Anzahl der Lungenspülungen für reines ^{3}He und der optimierten ^{3}He-SF$_6$-Mischung graphisch gegenübergestellt.
Trotz alledem zeigt sich auch hier, dass der mittlere ADC der Kontrollgruppe oberhalb des mittleren ADC der Elastasegruppe liegt. Im Vergleich zur Messung mit reinem ^{3}He ist jetzt zwar der Unterschied nicht mehr so stark ausgeprägt, aber dennoch unterscheiden sich die mittleren ADC-Werte zwischen der Kontroll- und Elastasegruppe in einem Bereich von 5% bis zu 8%.

Diskussion der Ergebnisse

Der niedrige ADC-Wert in der Gruppe der mit Elastase behandelten Tiere erscheint überraschend und gegenläufig zum intuitiv erwarteten Ergebnis. Zudem wurde in [Pec03] beobachtet, dass bei ADC-Messungen mit hp-^{3}He an elastasebehandelten Ratten und an

6.3. BESTIMMUNG DES ^{3}HE-DIFFUSIONSKOEFFIZIENTEN IN DER LUNGE 115

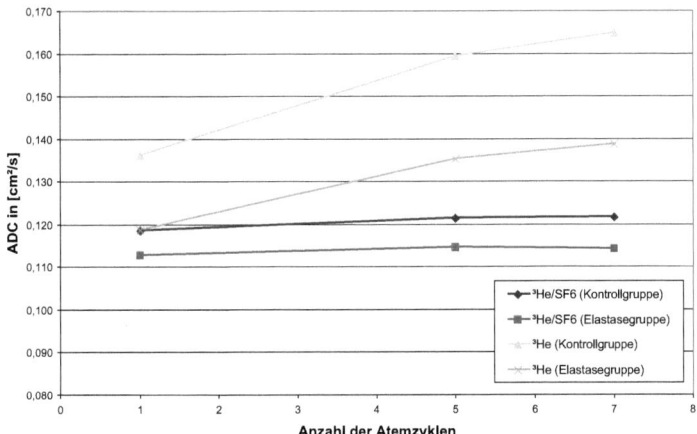

Tabelle 6.5: Abhängigkeit des gemessenen ADC von der Anzahl der Lungenspülungen vor der ADC-Messung
Dargestellt ist die Variation des ADC-Wertes in Abhängigkeit von der Anzahl der Lungenspülungen mit ^{3}He und mit einer ^{3}He-SF$_6$-Gasmischung (1:1 Mischungsverhältnis). Während der gemessene ADC beim Einsatz von reinem ^{3}He stark von der Anzahl der ^{3}He-Atemzyklen vor der ADC-Messung abhängt, ist der ADC beim Einsatz der ^{3}He-SF$_6$-Mischung davon nahezu unabhängig. Durch eine geschickte Wahl des Mischungsverhältnisses zwischen ^{3}He und SF$_6$ (hier 1:1) ist der ^{3}He-Diffusionskoeffizient in der Lunge immer konstant, unabhängig von der verbleibenden Stickstoffkonzentration in der Lunge.

Kontrolltieren bei einem Atemdruck von 30 mbar ein signifikant größerer ADC-Wert bei den behandelten Tieren (ADC=0,18 $\frac{cm^2}{s}$) als bei den Kontrolltieren (ADC=0,15 $\frac{cm^2}{s}$) festgestellt wurde. Bei der ADC-Messung wurde eine ^{3}He-Stickstoff-Gasmischung manuell mittels einer Spritze über die Atemwege appliziert, bis ein Druck in der Lunge von $p = 30\ mbar$ erreicht wurde. Die applizierte Gasmischung setzte sich jeweils aus 5 ml hp ^{3}He und einer für das jeweilige Tier individuellen Stickstoff-Menge zusammen, um insgesamt einen Atemdruck von $p = 30\ mbar$ zu erreichen. Damit wurde im Ergebnis jeweils ein Gasgemisch appliziert, dessen ^{3}He:N_2-Mischungsverhältnis von Tier zu Tier wechselte. Die Dauer des Diffusionsgradienten betrug 1 ms. Da für die Versuchsreihe kein ^{3}He-Beatmungssystem zur Verfügung stand, wurden die ADC-Messungen am toten Versuchstier, also post mortem, durchgeführt. Zum Zeitpunkt der ADC-Messung waren die Tiere bereits bis zu einer Stunde tot. Das ist ein wichtiger Unterschied zu den ADC-Messungen, die im Rahmen dieser Dissertation durchgeführt wurde.

Chen et al. beschreiben in [Che00] ebenfalls eine ADC-Messreihe mit hp-^{3}He an elastasebehandelten Ratten und Kontrolltieren. Diese ADC-Messungen fanden unter Verwendung einer ^{3}He-Applikationseinheit am lebenden Tier statt. Das Tier wurde kontinuierlich mit einer Gasmischnung aus 27 % O_2, 3 % Isoflurane und 70 % ^{3}He beatmet. In jedem Atemzyklus wurde ein Gasvolumen von etwa 2 cm^3 appliziert. Der ADC wurde aus 6 diffusionsgewichteten Aufnahmen mit b-Werten zwischen 0 $\frac{s}{cm^2}$ und 7,2 $\frac{s}{cm^2}$ berechnet, wobei die Dauer des Diffusionsgradienten 1 ms betrug. Die Aufnahme jedes einzelnen diffusionsgewichteten Bildes geschah über 25 Atemzyklen mit einer Gesamtdauer von 25 s. An zwei extremen Situationen während des Atemzykluses wurde die ADC-Messung durchgeführt: zum einen am Ende der Inspiration und zum anderen am Ende der Exspiration. Am Ende der Exspiration beträgt der ADC für die Kontrollgruppe 0,14 $\frac{cm^2}{s}$ und für die Elastase-Gruppe 0,17 $\frac{cm^2}{s}$. Hier ist wie intuitiv erwartet der ADC-Wert der Elastasegruppe größer als der ADC-Wert der Kontrollgruppe. Ähnlich wie bei den Untersuchungen im Rahmen dieser Dissertation machen sie am Ende der Inspiration eine gegenläufige Beobachtung: Der ADC-Wert der Kontrollgruppe beträgt 0,24 $\frac{cm^2}{s}$ und übersteigt den ADC-Wert der Elastasegruppe von 0,21 $\frac{cm^2}{s}$. Eine Erklärung für diese Beobachtung wird nicht geliefert.

Insgesamt zeigt sich bei Untersuchungen des ADC am Elastase-Lungenemphysemmodell bei Ratten kein einheitliches Bild und die Ergebnisse widersprechen sich teilweise. Mit der im Rahmen dieser Dissertation entwickelten Applikationseinheit konnten einige signifikante Verbesserungen und Vereinfachungen gegenüber den Vorreiterexperimenten ([Che00],[Pec03]) zur Verfügung gestellt werden. So beträgt beispielsweise die Reproduzierbarkeit der ADC-Messungen mit diesem Applikationssystem rund 1%. Die Polarisationsverluste bei der ^{3}He-Applikation sind vernachlässigbar gering (3,5%) und gewährleisten, dass der hohe Polarisationsgrad des ^{3}He von der Speicherzelle in die Tierlunge nahezu verlustfrei transferiert wird. Aufgrund der hohen ^{3}He-Polarisation und der damit verbundenen hohen Signalqualität konnten die 4 diffusionsgewichteten MRT-Aufnahmen während einer einzigen Apnoe innerhalb von 4s aufgenommen werden. Bei [Che00] wurden hingegen 25 einzelne Apnoen für die Berechnung einer einzigen ADC-Karte benötigt. Gegenüber [Pec03], wo die ^{3}He-Applikation noch manuell mit einer Spritze am bereits toten Tier geschah, wurde durch den erstmaligen Einsatz einer optimierten ^{3}He-SF$_6$-Gasmischung der Einfluss der verbleibenden Atemluft in der Lunge auf den ADC-Wert nahezu eliminiert.

Wenn die mit diesem Applikationssystem ermittelten ADC-Werte - wie gezeigt - reproduzierbar und zuverlässig sind, dann stellt sich die Frage, inwiefern die emphysematische Erweiterung der Alveolen von weiteren, sekundären Effekten überlagert wird, die in der Summe zu einer Verringerung des ADC anstelle eines Anstiegs führen können. Im Folgenden soll ein Erklärungsmodell dargestellt werden.

Verbunden mit dem Lungenemphysem ist neben der Zerstörung der Alveolarwände und der verminderten Lungenelastizität auch das *air trapping* (Kapitel 3.3). Die Luft staut sich in den Alveolen und die Alveolen werden nur noch unvollständig geleert. Dieser Effekt führt im Ergebnis zu einer Vergrößerung des Residualvolumens FRC, wie es beispielsweise in [Eid90] beobachtet wird. Daneben ist der Luftaustausch in denen vom *air trapping* betroffenen Lungenbereiche schlechter als der Luftaustausch in den gesunden Lungenbereichen.

6.3. BESTIMMUNG DES ^{3}HE-DIFFUSIONSKOEFFIZIENTEN IN DER LUNGE

Darum werden auch bei der ADC-Messung mit ^{3}He bevorzugt die gesunden Lungenbereiche mit signalgebendem hp ^{3}He gefüllt, während die ^{3}He-Konzentration in den von *air trapping* betroffen Arealen geringer ist. Insgesamt werden dadurch die gesunden Lungenbereiche in der MRT-Aufnahme stärker gewichtet als die emphysematisch erkrankten Bereiche. Birrell et al. beobachten [Bir05], dass in Rattenlungen, in welche zuvor Elastase instilliert wurde, die Atemwege stark verschleimt sind. Der Schleim verengt die Atemwege, schränkt die Bewegung der Gasatome in der Lunge ein und führt letztlich zu einer Verringerung des gemessenen ADC. Beide Effekte zusammengenomen - die stärkere Gewichtung der gesunden Lungenbereiche sowie die Einengung der Atemwege durch Schleim - könnten in der Summe zu einer Reduzierung des ADC bei mit Elastase behandelten Lungen führen.

Anhang A

Ergänzungen zum Applikatorsystem

A.1 Die Applikatorsoftware

A.1.1 Die Benutzeroberfläche für die volumengesteuerte Beatmung

Die Benutzeroberfläche besteht aus einem Registerfeld mit vier Registern „Atemparameter", „Parameter Mischen", „Ventile manuell" und „Parameter". In Abbildung A.1 ist die Benutzeroberfläche mit dem Registerfeld „Atemparameter" dargestellt. Im linken unteren Bereich sind in einem Diagramm die aktuellen Werte des Atemdrucks (rot), des Atemzugvolumens (blau, gelb) und des Beatmungsdruckes (gepunktet) abgebildet. Die dazugehörigen Zahlenwerte befinden sich rechts neben dem Diagramm. An den Kontrolllampen im unteren rechten Bereich neben dem Diagramm kann der Benutzer anhand der Farben den Schaltzustand der einzelnen Ventile (V1 bis V7) erkennen (schwarz: Ventil geschlossen, grün: Ventil offen). Den Füllzustand des ^{3}He-Zwischenspeichers kann man über die Lichtschranke ablesen: Ist der ^{3}He-Zwischenspeicher gefüllt, dann ist die Lichtschranke unterbrochen und die Kontrolllampe leuchtet rot auf. Im umgekehrten Fall, wenn der ^{3}He-Zwischenspeicher leer ist, wird die Lichtschranke nicht unterbrochen und die Lampe leuchtet grün auf.

Alle Eingaben zur Steuerung der Beatmung werden im oberen Teil der Benutzeroberfläche über das Eingabefeld vorgenommen. In den Feldern „Soll-Atem-Frequenz" und „Soll-Atem-Druck" kann der Benutzer die Atemfrequenz und den höchsten zulässigen Atemdruck während der Beatmung festsetzen. Das Atemzugvolumen wird über das Eingabefeld „Soll-Atemvolumen" festgesetzt. Die Dauer der Exspirationsphase wird in dem Feld „Anteil-Ausatmung" relativ zur Atemdauer angegeben. Der hier in der Abbildung A.1 angegebene Ausatem-Anteil von 60% beginnt genau dann, wenn 40% der Atemdauer vergangen sind. Über das Auswahlfeld „Status Beatmung" kann man zwischen der Beatmung mit Luft/Narkosegasgemisch oder der Applikation von ^{3}He auswählen. Bei der Auswahl „Luft/Narkosegasgemisch" wird das Tier kontinuierlich mit Luft/Narkosegas beatmet, bei der Auswahl „^{3}He" erhält das Tier eine definierte Anzahl an ^{3}He-Atemzyklen. Diese Anzahl wird im Auswahlfeld „Parameter Mischen" festgesetzt. Am Ende der Inspiration erzeugt das System mit dem letzten ^{3}He-Atemzug einen Atemstillstand (Apnoe) für die im Ein-

A.1. DIE APPLIKATORSOFTWARE

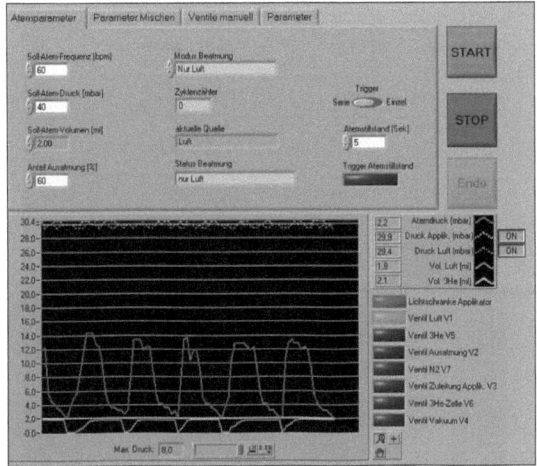

Abbildung A.1: Benutzeroberfläche für die volumengesteuerte Beatmung
Die Abbildung zeigt die Benutzeroberfläche während der Beatmung einer Ratte mit Luft. Die Erläuterungen zu dieser Abbildung befinden sich im folgenden Text.

gabefeld „Atemstillstand" angegebene Zeitdauer. Gleichzeitig sendet das Beatmungsgerät einen TTL-Puls an den Tomographen und löst dadurch den Start der MR-Aufnahme aus. Das Auslösen des Triggers wird durch das Aufleuchten der Lampe „Trigger Atemstillstand" angezeigt. So kann während der Apnoe die MR-Aufnahme durchgeführt werden. Alternativ dazu kann das Beatmungsprogramm auch nach jedem einzelnen ^{3}He-Atemzug einen TTL-Impuls senden. Dazu muss der Benutzer den Punkt „Einzeln" am Schalter „Trigger" auswählen. Durch Drücken der Taste „Start" beginnt das Beatmungsprogramm seine Arbeit und durch Betätigung der „Stop"-Taste wird die Atmung angehalten.

A.1.2 Die Benutzeroberfläche für das zeitgesteuerte Beatmungsprogramm

In Abbildung A.2 ist die Benutzeroberfläche des zeitgesteuerten Beatmungsprogramms dargestellt. Der Aufbau dieser Benutzeroberfläche gleicht der des volumengesteuerten Beatmungsprogramms. Alle Eingabefelder sind in der oberen Bildschirmhälfte positioniert. In der unteren Bildschirmhälfte befindet sich das Atemdruck-Diagramm, in dem der Atemdruck graphisch dargestellt ist. Die Eingabefelder sind thematisch auf sechs Register („Luft", „Luft 2", „Helium", „Manuell", „Sonstiges" und „Druckparameter") verteilt. In den drei Registern

120   ANHANG A. ERGÄNZUNGEN ZUM APPLIKATORSYSTEM

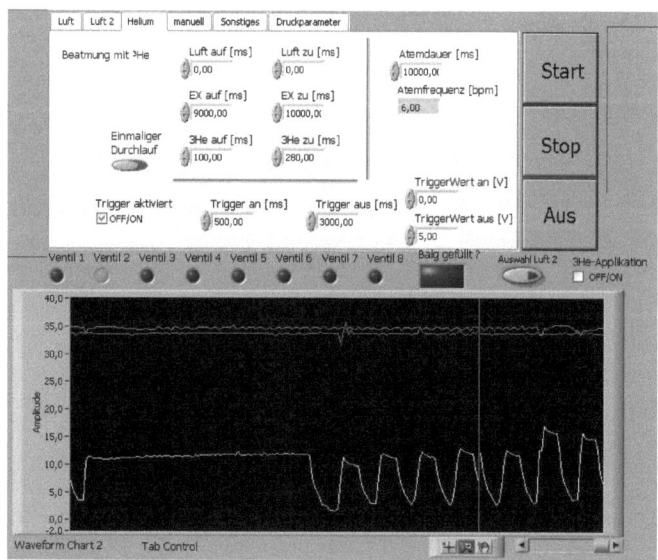

Abbildung A.2: Benutzeroberfläche für die zeitgesteuerte Beatmung
Die Abbildung zeigt die Benutzeroberfläche während der Beatmung einer Ratte mit Luft. Die Erläuterungen zu dieser Abbildung befinden sich im folgenden Text.

„Luft", „Luft 2" und „Helium" kann der Benutzer die Atemzugsdauer und die Öffnungs- und Schließzeiten der Atemventile V1 (Luft/Narkosegas), V5 (^{3}He) und V2 (Exspiration) vorgeben und so die Beatmung steuern. In Abbildung A.2 ist gerade das Register „Helium" aktiv. Die beiden anderen Register („Luft" und „Luft 2") sind ähnlich aufgebaut. Im Eingabefeld „Atemdauer" gibt der Benutzer die Dauer des Atemzyklus ein, d.h. die Zeitdauer, nach der sich der Beatmungsablauf wiederholt. In den Eingabefeldern „Luft auf" und „Luft zu" wird der Zeitpunkt festgesetzt, an dem das Luft/Narkosegas-Ventil (V1) geöffnet bzw. geschlossen wird. Die Felder „^{3}He auf" und „^{3}He zu" regeln die Öffnungs- und Schließzeitpunkte des ^{3}He-Ventils (V5). Schließlich kann über die Felder „EX auf" und „EX zu" der Öffnungs- und Schließzeitpunkt des Exspirationsventils (V2) festgesetzt werden. Durch Betätigung der Auswahlschalter „Auswahl Luft 2" und „^{3}He-Applikation" kann der Benutzer zudem auswählen, nach welcher Vorgabe („Luft", „Luft 2" oder „Helium") das Beatmungsprogramm die Ventile schalten soll. Standardmäßig werden die Atemventile zu den Zeitpunkten geschaltet, wie sie in dem Register „Luft" definiert sind. Durch Drücken der Taste „Auswahl

A.1. DIE APPLIKATORSOFTWARE

Luft 2" erfolgt der Wechsel zum Beatmungsmuster, das in „Luft 2" festgesetzt ist. Schließlich wird durch Drücken der Taste „³He-Applikation" in das im Register „Helium" definierte Beatmungsmuster übergegangen. Zusätzlich zu der Möglichkeit, die Ventilschaltzeitpunkte festzusetzen, kann auch ein Trigger-Signal ausgegeben werden („Trigger aktiviert"). Es kann beispielsweise als Startsignal für die MR-Bildgebung eingesetzt werden. Der Anwender kann neben dem Zeitpunkt („Trigger an", „Trigger aus") auch die Amplitude des Trigger-Signals einstellen („Trigger Wert an","Trigger Wert aus"). Im Register „manuell" befindet sich für jedes Ventil V1 bis V7 ein Schalter (V8 ist als Reserveventil gedacht und derzeit nicht belegt). Diesen Schalter kann der Anwender betätigen und so die Ventile manuell steuern. Im Register „Druckparameter" kann der Benutzer sowohl den Luft/Narkosegas-Druck (M2) als auch den ³He-Druck im ³He-Zwischenspeicher (M3) einstellen.

Alle Programmparameter und Einstellungen, die einerseits vom Anwender für den Betrieb des Applikators nicht benötigt werden, andererseits aber für den reibungslosen Programmablauf notwendig sind, befinden sich im Register „Sonstiges".

Über die grüne Kontrolllampe „Balg gefüllt" wird die Befüllung des ³He-Zwischenspeichers angezeigt. Leuchtet die Lampe grün, dann ist der Balg mit 40 ml ³He prall gefüllt. Ist der ³He-Balg leer, dann erlischt die Kontrolllampe.

Durch Drücken der Taste „Einmaliger Durchlauf" erreicht man, dass nur ein einziger Beatmungszyklus abgearbeitet wird. Anschließend hält das Programm den Beatmungsablauf an und kann entweder durch ein wiederholtes Drücken von „Einmaliger Durchlauf" für einen einzigen Beatmungszyklus oder durch Drücken der Taste „Start" für den dauerhaften Betrieb gestartet werden.

A.1.3 Ergänzungen zur Applikator-Hardware

Das Kunststoffventil

In Kapitel 4.2.2 wurden die großen Einschränkungen der Verwendung von Materialien in der Umgebung von hohen Magnetfeldern oder im Kontakt mit ³He bereits erörtert. Standardventile werden i. A. elektrisch oder magnetisch geschaltet und bestehen aus ferromagnetischen oder metallischen Komponenten. Darum ist ein Einsatz dieser Ventile in hohen Magnetfeldern und im Kontakt mit ³He nicht möglich.

Für den Einsatz am NMR-Tomographen wurden darum von den Werkstätten für Feinmechanik der Boehringer Ingelheim GmbH in Biberach vollständig aus Kunststoff gefertigte und pneumatisch gesteuerte Ventile entwickelt. In Abbildung A.3 ist ein solches Ventil in einer Schnittzeichnung dargestellt. Es besteht aus einem Steuerdruck-Anschluss und zwei Anschlüssen für das Durchgangsmedium. Ein 2 mm dünnes Rohr, das in der Mitte unterbrochen ist, leitet das Durchgangsmedium durch das Ventil. Über dieses Rohr ist ein dünner Silikonschlauch geschoben und trennt den Steuerdruck vom Durchgangsmedium. Ist der Steuerdruck p_S nun kleiner als der Druck des Durchgangsmediums p_D, dann weitet sich der Silikonschlauch auf und das Durchgangsmedium kann durch die seitlich angebrachten Bohrungen über die Unterbrechung hinwegströmen: Das Ventil ist offen. Im umgekehrten Fall, wenn der Steuerdruck p_S größer als der Druck im Durchgangsmedium p_D ist, dann schmiegt sich der Silikonschlauch eng um die Durchführung und dichtet die seitlichen

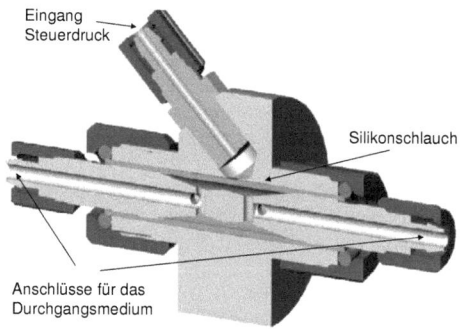

Abbildung A.3: Pneumatisches Kunststoff-Sperrventil
Das Ventil ist vollständig aus Kunststoff gefertigt und ist darum für den Einsatz in hohen Magnetfeldern geeignet. Die beiden Anschlüsse des Durchgangsmediums sind symmetrisch gestaltet, so dass das Ventil Flüsse in beide Richtungen schalten kann. Ein Silikonschlauch trennt den Steuerdruck vom Durchgangsmedium und dient als Dichtung.

Ausgänge ab: Das Ventil ist geschlossen.
Der Steuerdruck wird von einem Vorsteuerventil geschaltet, das sich außerhalb des Tomographenraumes befindet und über eine zwei bis drei Meter lange Steuerdruckleitung mit dem Sperrventil verbunden ist. Da sich das Vorsteuerventil außerhalb des magnetischen Hochfeldes befindet, kann hier auf die Verwendung von Standard-Magnetventilen zurückgriffen werden. Die Schaltung der Vorsteuerventile wiederum erfolgt direkt aus dem Applikator-Steuerprogramm mit elektrischen **Impulsen**.

Der Atemventilblock

Die Beatmung der narkotisierten Ratte geschieht über den Atemventilblock. Ebenso wie das Kunststoff-Ventil wurde auch der Atemventilblock komplett von den Werkstätten für Feinmechanik der Boehringer Ingelheim GmbH in Biberach entwickelt und gebaut. Er besteht aus drei individuellen pneumatisch gesteuerten Kunststoff-Sperrventilen, die aus Gründen einer kompakten und platzsparenden Bauweise in einem einzigen Bauteil integriert sind.
In Abbildung A.4 ist der Atemventilblock als Ansicht und Schaltbild dargestellt. Über drei Sperrventile wird die Versorgung des Tieres mit einem Luft/Narkosegas-Gemisch (V1), die ^{3}He-Applikation (V5) und die Abführung der Exspirationsluft (V2) realisiert. Durch die

A.1. DIE APPLIKATORSOFTWARE 123

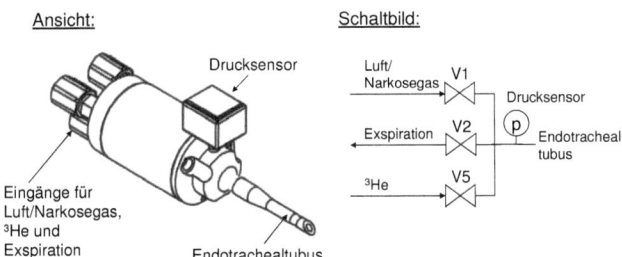

Abbildung A.4: Der Atemventilblock
Das Atemventil besteht aus drei individuell ansteuerbaren pneumatischen Kunststoff-Sperrventilen, die in einem einzigen Bauteil integriert sind. Am Ventilausgang ist der Endotrachealtubus befestigt, der das Tier mit dem Atemventil verbindet. Ein Drucksensor ist zwischen Atemventilblock und Endotrachealtubus angebracht und zeigt den Druckverlauf während der Beatmung an.

besonders kompakte Bauweise konnte das Totvolumen zwischen den Ventilen (V1, V2 und V5) und dem Anschluss des Endotrachealtubus bis auf 0,21 ml reduziert werden. Bei Atemzugvolumina der Ratte von 2 ml bis zu 6 ml liegt dieser Anteil zwischen 10% und 3,5% und ist daher gering. Dieses Totvolumen von 0,21 ml könnte allerdings mit weiterem Aufwand minimiert werden, jedoch ist zu berücksichtigen, dass zum gesamten Totvolumen auch das Volumen des Endotrachealtubus beiträgt. Der verwendete Endotrachealtubus hatte eine Länge von 75 mm, einen Innendurchmesser von 2,6 mm und somit ein Gesamtvolumen von 0,4 ml. So ergibt sich ein Gesamt-Totvolumen von 0,61 ml, das vom Endotrachealtubus dominiert wird.

Für den Betrieb des Beatmungsgerätes ist es notwendig, dass die Schaltzeiten der Atemventile (V1, V2 und V5) deutlich kürzer sind als die Dauer eines Atemzyklus (die typischen Atemfrequenzen liegen zwischen 60 und 120 Atemzyklen pro Minute). Kleinere Schaltverzögerungen sind unproblematisch und können ggf. im Applikator-Steuerprogramm kompensiert werden. In einem Vorversuch wurden dazu von den Werkstätten für Feinmechanik die Ventilschaltzeiten ermittelt. Dazu wurde ein Stickstoff-Gasstrom mit einem Druck von 70 mbar von einem Kunststoff-Ventil geschaltet. Ein daran angeschlossener Drucksensor (Ansprechzeit 1 ms) zeichnete den Druckverlauf auf. Beim geöffneten Sperrventil konnte das Gas ungehindert zum Drucksensor strömen und der Drucksensor zeigte einen konstan-

ANHANG A. ERGÄNZUNGEN ZUM APPLIKATORSYSTEM

ten Druck von 70 mbar an. Beim geschlossenen Ventil war die Verbindung zwischen Gas und Drucksensor unterbrochen. Die Ansteuerung des Kunststoff-Sperrventils erfolgte über ein elektrisch geschaltetes Vorsteuerventil (Festo MYH-5/2-M5-L-LED), die beide über eine pneumatische Steuerdruckleitung verbunden waren. Die mit diesem Aufbau erreichten Schaltzeiten (incl. der Schaltzeit der Vorventile) sind in der Tabelle A.1.3 dargestellt.

Steuerschlauchlänge	Öffnungszeit	Schließzeit
6,5 m	81 ms	38 ms
4,0 m	44 ms	32 ms
2,0 m	29 ms	22 ms
0,05 m	27 ms	15 ms

Tabelle A.1: Schaltzeiten des Sperrventils
Schaltzeit des BI-Sperrventils bei einem Steuerdruck von 2 bar, einem Innendurchmesser der Steuerleitung von 2,5 mm und unterschiedlichen Längen.

Weitere Tests mit einem kleineren Schlauch-Innendurchmesser (ID) von 2 mm führten zu keiner Verringerung der Schaltzeiten, während Schläuche mit einem ID > 2,5 mm die Schaltzeit zu stark heraufsetzen. Eine Reduzierung des Steuerdrucks auf unter 2 bar führte zu Problemen bei den Vorsteuerventilen. Höhere Vordrücke führten zu einer deutlichen Verlängerung der Öffnungszeit. Damit lagen die Schließ- und Öffnungszeiten der Kunststoffventile klar unterhalb der Dauer eines Atemzyklus und konnten im Applikator eingesetzt werden.

Literaturverzeichnis

[Aco06] R.H. Acosta, L. Agulles-Pedros, S. Komin, D. Sebastiani, H.W. Spiess, P. Blümler; Diffusion in binary gas mixtures studied by NMR of hyperpolarized gases and molecular dynamics simulations; Phys. Chem. Chem. Phys. 8; 4182 (2006).

[Alb94] M. Albert, G.D. Cates, B. Driehuys et al.; Biological magnetic resonance imaging using laser polarized ^{129}Xe; Nature 1994; 370:199-201.

[Ant93] P.L. Anthony, R.G. Arnold, H.R. Band et al.; Determination of the neutron spin structure function; Phys. Rev. Lett. **71:7** (1993) 959 – 962.

[Big92] N. Bigelow, P. Nacher, M. Leduc; Accurate optical measurement of nuclear polarization in optically pumped 3He gas; J. Physique II 2 (1992) 2159 – 2179.

[Bir05] M. Birrell, S. Wong, D. Hele, K. McCluskie, E. Hardaker and M. Belvisi; Steroid-resistant inflammation in a rat model of chronic obstructive pulmonary disease is associated with a lack of nuclear factor-kB Pathway Activation; Am. J. Respir. Crit. Care Med. (2005); 172:74-84.

[Blo40] F. Bloch and A. Siegert; Magnetic Resonance for Nonrotating Fields; Physical Review 57 (1940) 522 – 527

[Bou60] M.A. Bouchiat, T.R. Carver, C.M. Varnum; Nuclear polarization in ^{3}He gas induced by optical pumping and dipolar exchange; Phys. Rev. Lett. **5** (1960) 373 – 375.

[Bux06] www.buxco.com

[Den00a] A. Deninger; Methodische Entwicklung der sauerstoff-sensitiven ^{3}He Kernspintomographie; Dissertation an der Universität Mainz (2000).

[Den06] A. Deninger, W. Heil, E. Otten, M. Wolf, R. Kremer and A. Simon2: Paramagnetic relaxation of spin polarized 3He at coated glass walls Part II; The European Physical Journal D; 38, 439–443 (2006)

[Cal91] P.T. Callaghan; *Principles of Nuclear Magnetic Resonance Microscopy*. New York: Oxford University Press Inc, 1991. - ISBN 0-19-853997-5

[Col63] F.D. Colegrove, L.D. Schearer, G.K. Walters; Polarization of He^3 gas by optical pumping; Phys. Rev. **132** (1963) 2561 – 2572.

[Cha03] B. Chan, E. Babcoco, L.W. Anderson, T.G. Walker: *Production of highly polarized* ^{3}He *using spectrally narrowed diode laser array bars*. J. Appl. Physics, 94, 10. (2003)

[Che00] X. Chen, L. Hedlund, H. Möller, M. Chawla, R. Maronpot, G. Johnson: Detection of emphysema in rat lungs by using magnetic resonance measurements of ^{3}He diffusion. Proc Natl Acad Sci U S A., 97, 21. (2000)

[Che07] W. Chen, T. Gentile, T. Walker and E. Babcock; Spin-exchange optical pumping of 3He with Rb-K mixtures and pure K; Physical Review A 75; (2007).

[Den00] A. Deninger, B. Eberle, M. Ebert, T. Grossmann, G. Hanisch, W. Heil, H. Kauczor, K. Markstaller, E. Otten, W. Schreiber, R. Surkau und N. Weiler: 3He-MRI-based measurements of intrapulmonary pO2 and its time course during apnea in healthy volunteers: First results, reproducibility, and technical limitations. NMR Biomed. (2000);13:194–201.

[Ebe99] Eberle B, Weiler N, Markstaller K et al.: Analysis of intrapulmonary O2 concentration by MR imaging of inhaled hyperpolarized helium-3. J Appl Physiol (1999); 87: 2043-2052.

[Ebe00] M. Ebert; Entwicklung eines leistungsstarken Polarisators und Kompressors für die medizinische ^{3}He MR-Tomographie; Dissertation an der Universität Mainz (2000).

[Eck92] G. Eckert, W. Heil, M. Meyerhoff, E.W. Otten, R. Surkau, M. Werner, M. Leduc, P.J. Nacher, L.D. Schearer; A dense polarized ^{3}He target based on compression of optically pumped gas; Nucl. Instrum. Methods A **320** (1992) 53 – 65.

[Eid90] D. Eidelman, S. Bellofiore, D. Chiche, M. Cosio and J. Martin; Behaviour of morphometric indices in pancreatic elastase-induced emphysema in rats; Lung (1990); 168:159-169.

[Eva69] S.A. Evans, N.F. Lane, Total and Exitation-Transfer Cross Sections for Collision between 2^3S Metastable and Ground-State Helium Atom, Phys. Rev. 188 (1969) 268.

[Fab03] L. Fabbri , S. Hurd; Global strategy for the diagnosis, management and the prevention of COPD; Eur Respir J (2003) 22:1-2.

[Feh06] H. Fehrenbach, Animal models of pulmonary emphysema: a stereologist's perspective, Eur Respir Rev (2006); 15:101, 136-147

LITERATURVERZEICHNIS

[Fil01]   F. Filbir: 3He-Kernspinpolarimetrie mittels Induktionsstoßmessung; Diplomarbeit an der Universität Mainz (2001).

[Glo92]   G.H. Glover, J.M. Pauly; Projection Reconstruction Techniques for Reduction of Mation Effects in MRI; Magnetic Resonance in Medicine **28** (1992) 275-289.

[Gro96]   T. Großmann; Optimierung beschichteter ^{3}He-Zellen mit Anwendungen in der Kernspintomographie; Diplomarbeit an der Universität Mainz (1996).

[Gro00]   T. Großmann; Realisierung des ^{3}He-Kreislaus zur ^{3}He-Magnet-Resonanz-Tomographie; Dissertation an der Universität Mainz (2000).

[Gud95]   H. Gudbjartsson, S. Patz; The Rician Distribution of noisy MRI Data; Magn. Reson. Med.; **34** (1995) 910-914.

[Haa99]   E. Haacke, R. Brown, M. Thompson, R. Venkatesan; Magnetic Resonance Imaging. New York: Wiley-Liss, 1999.

[Has00]   J. Hasse; Charakterisierung und Optimierung eines ^{3}He-Kompressors Diplomarbeit an der Universität Mainz (2000).

[Heb76]   Hebel, Rudolf : Anatomy of the laboratory rat. Baltimore : The Williams & Wilkins Company, 1976

[Hed00]   Hedlund LW, Möller HE, Chen XJ, Chawla MS, Cofer GP, Johnson GA: Mixing oxygen with hyperpolarized He-3 for small-animal lung studies. NMR Biomed. (2000), 13(4):202-6.

[Her10]   F.W. Hersman et al. (2010); www.xemed.com

[Hie06]   Hiebel, Stefan : Methodische und technische Weiterentwicklung der ^{3}He-MRT im Hinblick auf erweiterte lungendiagnostische Anwendungsmöglichkeiten. Dissertation an der Johannes Gutenberg-Universität Mainz, 2006

[Ing93]   E. Ingenito, B. Davison, J. Fredberg; Tissue resistance in guinea pig at baseline and during metacholine constriction; Journal of Applied Physiology **75** (1993) 2541 – 2548.

[Irv03]   Irvin, Charles G. and Bates, Jason HT. : Measurung the lung function in the mouse: the challenge of size. Respiratory Research 2003, 4:4

[Jac91]   JI Jackson, CH Meyer, DG Nishimura, A Macovski; Selection of a convolution function for Fourier inversion using griddung; IEEE Trans Med Imaging **10** 473–478.

[Kak88]   Kak, Avinash C.; Slaney, Malcolm :Principles of Computerized Tomographic Imaging . New York : IEEE, 1988. - IEEE Order Number: PC02071

[Kau96]   H.U. Kauczor, D. Hofmann, K.F. Kreitner, *et al.* Normal and abnormal pulmonary ventilation: visualization at hyperpolarized He-3 MR imaging, Radiology 1996; 201:564-568,

[Kri00]   Krinke, Georg J. : The laboratory rat . San Diego : Academic Press, 2000. - ISBN 0-12-426400-X

[Lip05]   Lipson, David; van Beek, Edwin J.R.: Functional lung imaging. Boca Raton : CRC Press, 2005. - ISBN 0-8247-5427-1

[Lau97]   L. Lauer : Arbeiten zur Applikation von polarisiertem 3He in MR-Tomographen; Diplomarbeit an der Johannes Gutenberg-Universität Mainz (1997).

[Lül03]   Lüllmann-Rauch, Renate :Histologie . Stuttgart : Thieme-Verlag, 2003. - ISBN 3-13-129241-5

[Lyn10]   Patrick J. Lynch, medical illustrator; C. Carl Jaffe, MD, cardiologist: http://patricklynch.net im April 2010

[Mah02]   Mahadeva R. and Shapiro S.: Chronic obstructive pulmonary disease: Experimental animal models of pulmonary emphysema. Thorax 2002;57:908–914

[Man73]   Mansfield, P and Grannell, P.K. : J. Phys. C6, L422 (1973)

[Mai02]   R. W. Mair, P. N. Sen, M. D. Hürlimann, S. Patz, D. G. Cory, R. L. Walsworth: The Narrow Pulse Approximation and Long Length Scale Determination in Xenon Gas Diffusion NMR Studies of Model Porous Media. Journal of Magnetic Resonance 156, 202–212 (2002).

[Mor95]   Morneburg, Heinz : Bildgebende Systeme für die medizinische Diagnostik. Erlangen : Publicis MCD Verlag, 1995. - ISBN 89578-002-2

[Mor06]   Morbach, Andreas: Diffusionsgewichtete Helium-3 Magnetresonanz-Tomographie zur Untersuchung der Lunge. Dissertation an der Johannes Gutenberg-Universität Mainz, 2006

[Nac85]   P.J. Nacher, M. Leduc; Optical pumping in ^{3}He with a laser; J. Physique **46** (1985) 2057 – 2073.

[Pec03]   G. Peces-Barba, J. Ruiz-Cabello, Y Cremilleux, I. Rodriguez, D. Dupuich, V. Callot, M. Ortega, M.L. Rubio Arbo, M. Cortijo, N. Gonzalez-Mangado; Helium-3 MRI diffusion coefficient: correlation to morphometry in a model of mild emphysema; Eur Respir J. (2003); 22: 14-19

[Pet96]   F. Petak, Z. Hantos, A. Adamicza, T. Asztalos, P. Sly; Metacholine-induced bronchoconstriction in rats: effects of intravenous vs. aerosol delivery; Journal of Applied Physiology **82** (1997) 1479 – 1487.

[Rig05]   Rigoberto Pérez De Alejo, Jesús Ruiz-Cabello et al: A fully MRI-compatible animal ventilator for special-gas mixing applications, Concepts in Magnetic Resonance Part A (2005), 26B: 93-103

[Rod04]   I. Rodriguez, R. Perez de Alejo, M. Cortijo and J. Ruiz-Cabello; COMSPIRA: A Common Approach to Spiral and Radial MRI; Concepts in Magnetic Resonance Part B **20** (2004) 40 – 44.

[Röm03]   Römer, Dirk : Untersuchungen zur künstlichen Beatmung bei der Maus (Mus musculus) mit dem UNO Micro-Ventilator. Dissertation an der Ludwig-Maximilians-Universität München, 2003

[Sch65]   Schearer, L.D. and Walters, G.K.: Nuclear Spin-Lattice Relaxation in the Presence of Magnetic-Filed Gradient. Physical Review **139** (1965) A 1398-A 1402

[Sch67]   L.D. Schearer; Collision-Induced Mixing in the 2^3P Levels of Helium; Phys. Rev. **160**:1 (1967).

[Sch98]   J. Schmiedeskamp; Weiterentwicklung des Polarisations- und Kompressionskonzeptes für ^{3}He; Diplomarbeit an der Universität Mainz (1998).

[Sch04]   Schmiedeskamp, Jörg :Weiterentwicklung einer Produktionsanlage und der Speicherungs-bzw. Transportkonzepte für hochpolarisiertes ^{3}He. Dissertation an der Johannes Gutenberg-Universität Mainz, 2004

[Sch06]   J. Schmiedeskamp, W. Heil, E. Otten, R. Kremer, A. Simon and J. Zimmer: Paramagnetic relaxation of spin polarized 3He at bare glass surfaces; The European Physical Journal D; 38, 427–438 (2006)

[Sch06a]   J. Schmiedeskamp, H. Elmers, W. Heil, E. Otten, Yu. Sobolev, W. Kilian, H. Rinneberg, T. Sander-Thömmes, F. Seifert and J. Zimmer: Relaxation of spin polarized 3He by magnetized ferromagnetic contaminants; The European Physical Journal D; 38, 445–454 (2006)

[Sni86]   G.L. Snider, E. C. Lucey, and P. J. Stone, Animal models of emphysema, Am. Rev. Respir. Dis. 133 (1986) 149-169

[Sut04]   E. Sutherland, R. Cherniack: Management of chronic obstructive pulmonary disease; N Engl J Med (2004); 350: 2689-2695.

[Sur97]   Surkau R, Becker J, Ebert M, Großmann T, Heil W, Hofmann D, Humblot H, Leduc M, Otten EW, Rohe D, Siemensmeyer K, Steiner M, Tasset F, Trautmann N: Realization of a broad band neutron spin filter with compressed, polarized 3He gas; (1997) Nucl Instr & Meth 384: 444-450.

[Thi08]   F. Thien, M. Friese, G. Cowin, D. Maillet, D. Wang, G. Galloway, I. Brereton, P. Robinson, W. Heil and B. Thompson; Feasibility of functional magnetic resonance lung imaging in Australia with long distance transport of hyperpolarized helium from Germany; Respirology (2008) ; 13:599-602.

[Tim71] R.S. Timsit, J.M. Daniels; The polarizations produced, and the rates of polarization, in the optical pumping of $2\,^3S_1\,^3$He; Can. J. Phys. **49** (1971) 545 – 559.

[Ulm98] Ulmer, W. : Lungenfuntions-Manual. Stuttgart : Thieme Verlag, 1998. - ISBN 3-13-111941-1

[Vig05] Vignaud, A. ; Maitre , X., Guillot, G.; Durand, E.; De Rochefort, L.; Robert, P.; Vives, V.; Santus, R.; Derasse, L :Magnetic susceptibility matching at the air-tissue interface in rat lung by using a superparamagnetic intravascular contrast agent: influence on transverse relaxazion time of hyperpolarized Helium-3.; Magn Reson Med **54** 28-33 (2005)

[Vac88] Vacuumschmelze Hanau : Firmenschrift: Magnetische Abschirmungen. Hanau 1988.

[Wal97] T.G. Walker, W. Happer; Spin-exchange optical pumping of noble-gas nuclei; Rev. Mod. Phys. **69:2** (1997) 629 – 642.

[WHO08] World Health Organization: World health statistics 2008. ISBN 9789240682740

[Wil02] J.M. Wild, J. Schmiedeskamp, M. Paley , F. Filbir, S. Fichele, L. Kasuboski, F. Knitz, N. Woodhouse, A. Swift, W. Heil, G. Mills, M. Wolf, P. Griffiths, E. Otten and E. van Beek: MR imaging of the lungs with hyperpolarized helium-3 gas transported by air. (2002) Phys. Med. Biol. 47 N185

[Wol06] U. Wolf; Methodische Weiterentwicklungen der F-19-Magnetresonanztomographie der Lunge: Dynamische und diffusionsgewichtete Bildgebung in Atemanhaltetechnik; Dissertation an der Universität Mainz (2006)

[Wol00] M. Wolf; Systematische Untersuchungen zur oberflächeninduzierten Relaxation von kernspinpolarisiertem ^{3}He; Diplomarbeit an der Universität Mainz (2000).

[Wol04] M. Wolf; Erzeugung höchster ^{3}He Kernspinpolarisation durch metastabiles optisches Pumpen; Dissertation an der Universität Mainz (2004).

Die VDM Verlagsservicegesellschaft sucht für wissenschaftliche Verlage abgeschlossene und herausragende

Dissertationen, Habilitationen, Diplomarbeiten, Master Theses, Magisterarbeiten usw.

für die kostenlose Publikation als Fachbuch.

Sie verfügen über eine Arbeit, die hohen inhaltlichen und formalen Ansprüchen genügt, und haben Interesse an einer honorarvergüteten Publikation?

Dann senden Sie bitte erste Informationen über sich und Ihre Arbeit per Email an *info@vdm-vsg.de*.

Sie erhalten kurzfristig unser Feedback!

VDM Verlagsservicegesellschaft mbH
Dudweiler Landstr. 99   Telefon +49 681 3720 174
D - 66123 Saarbrücken   Fax   +49 681 3720 1749
www.vdm-vsg.de

Die VDM Verlagsservicegesellschaft mbH vertritt

Printed by Books on Demand GmbH, Norderstedt / Germany